中国河流泥沙公报

2024

中华人民共和国水利部 编著

中国水利水电出版社
www.waterpub.com.cn
·北京·

图书在版编目（CIP）数据

中国河流泥沙公报. 2024 / 中华人民共和国水利部编著. -- 北京：中国水利水电出版社，2025. 4.
ISBN 978-7-5226-3391-6

Ⅰ. TV152

中国国家版本馆CIP数据核字第2025RN5645号

审图号：GS京（2025）0851号

责任编辑：宋晓

书 名	中国河流泥沙公报 2024 ZHONGGUO HELIU NISHA GONGBAO 2024
作 者	中华人民共和国水利部 编著
出版发行	中国水利水电出版社 （北京市海淀区玉渊潭南路1号D座　100038） 网址：www.waterpub.com.cn E-mail：sales@mwr.gov.cn 电话：（010）68545888（营销中心）
经 售	北京科水图书销售有限公司 电话：（010）68545874、63202643 全国各地新华书店和相关出版物销售网点
排 版	中国水利水电出版社装帧出版部
印 刷	河北鑫彩博图印刷有限公司
规 格	210mm×285mm　16开本　5.5印张　166千字
版 次	2025年4月第1版　2025年4月第1次印刷
印 数	0001—1500册
定 价	48.00元

凡购买我社图书，如有缺页、倒页、脱页的，本社营销中心负责调换

版权所有·侵权必究

编写说明

1. 《中国河流泥沙公报》（以下简称《泥沙公报》）中各流域水沙状况系根据河流选择的水文控制站实测径流量和实测输沙量与多年平均值的比较进行描述。

2. 河流中运动的泥沙一般分为悬移质（悬浮于水中运动）与推移质（沿河底推移运动）两种。《泥沙公报》中的输沙量一般是指悬移质部分，不包括推移质。

3. 《泥沙公报》中描写河流泥沙的主要物理量及其定义如下：

流　　量——单位时间内通过某一过水断面的水量（立方米/秒）；

径 流 量——一定时段内通过河流某一断面的水量（立方米）；

输 沙 量——一定时段内通过河流某一断面的泥沙质量（吨）；

输沙模数——年总输沙量与相应集水面积的比值[吨/（年·平方公里）]；

含 沙 量——单位体积浑水中所含干沙的质量（千克/立方米）；

中数粒径——泥沙颗粒组成中的代表性粒径（毫米），小于等于该粒径的泥沙占总质量的50%。

4. 河流泥沙测验按相关技术规范进行。一般采用断面取样法配合流量测验求算断面单位时间内悬移质的输沙量，并根据水、沙过程推算日、月、年等的输沙量。同时进行泥沙颗粒级配分析，求得泥沙粒径特征值。河床与水库的冲淤变化一般采用断面法测量与推算。

5. 本期《泥沙公报》中高程除专门说明外，均采用1985国家高程基准。

6. 本期《泥沙公报》的多年平均值除另有说明外，一般是指1950—2020年实测值的平均数值，如实测起始年份晚于1950年，则取实测起始年份至2020年的平均值；近10年平均值是指2015—2024年实测值的平均数值；基本持平是指径流量和输沙量的变化幅度不超过5%。

7. 本期《泥沙公报》发布的泥沙信息不包含香港特别行政区、澳门特别行政区和台湾省的河流泥沙信息。

8. 本期《泥沙公报》参加编写单位为长江水利委员会、黄河水利委员会、淮河水利委员会、海河水利委员会、珠江水利委员会、松辽水利委员会、太湖流域管理局的水文局，北京、天津、河北、内蒙古、山东、黑龙江、辽宁、吉林、新疆、甘肃、陕西、河南、湖北、安徽、湖南、浙江、江西、福建、云南、广西、广东、青海、贵州、海南等省（自治区、直辖市）水文（水资源）（勘测）（管理）局（中心、总站）。

《泥沙公报》编写组由水利部水文司、水利部水文水资源监测预报中心、国际泥沙研究培训中心与各流域管理机构水文局有关人员组成。

综　述

本期《泥沙公报》的编报范围包括长江、黄河、淮河、海河、珠江、松花江、辽河、钱塘江、闽江、塔里木河、黑河和疏勒河等12条河流及青海湖区。内容包括河流主要水文控制站的年径流量、年输沙量及其年内分布和洪水泥沙特征，重点河段冲淤变化，重要水库及湖泊冲淤变化和重要泥沙事件。

本期《泥沙公报》所编报的主要河流代表水文站（以下简称代表站）2024年总径流量为15540亿立方米（表1），较多年平均年径流量14280亿立方米偏大9%，较近10年平均年径流量14410亿立方米偏大8%，较上年度径流量10660亿立方米增大46%；代表站年总输沙量为4.11亿吨，

表1　2024年主要河流代表水文站与实测水沙特征值

河流	代表水文站	控制流域面积（万平方公里）	年径流量（亿立方米） 多年平均	年径流量 近10年平均	年径流量 2024年	年输沙量（万吨） 多年平均	年输沙量 近10年平均	年输沙量 2024年
长江	大通	170.54	8983	9071	9126	35100	10400	10800
黄河	潼关	68.22	335.3	310.7	317.6	92100	17300	18300
淮河	蚌埠+临沂	13.16	282.0	285.4	327.4	997	424	552
海河	石匣里+响水堡+滦县+下会+张家坟+阜平+小觉+观台+元村集	14.43	73.68	52.02	68.67	3770	312	167
珠江	高要+石角+博罗+潮安+龙塘	45.11	3138	3127	3849	6980	2670	4520
松花江	哈尔滨+秦家+牡丹江	42.18	480.2	522.2	641.3	692	635	888
辽河	新民+唐马寨+邢家窝棚+铁岭	14.87	74.15	81.64	147.6	1490	374	1250
钱塘江	兰溪+上虞东山+诸暨	2.43	218.3	238.6	267.1	275	257	218
闽江	竹岐+永泰(清水壑)	5.85	576.0	579.1	626.9	576	234	332
塔里木河	焉耆+阿拉尔	15.04	72.76	87.13	102.4	2050	1870	3320
黑河	莺落峡	1.00	16.67	19.53	18.40	193	90.8	20.6
疏勒河	昌马堡+党城湾	2.53	14.02	19.40	19.56	421	580	595
青海湖区	布哈河口+刚察	1.57	12.18	21.25	32.80	49.9	91.3	154
合计		396.93	14280	14410	15540	145000	35200	41100

i

较多年平均年输沙量 14.5 亿吨偏小 72%，较近 10 年平均年输沙量 3.52 亿吨偏大 17%，较上年度输沙量 2.04 亿吨增大 101%。

2024 年长江和珠江代表站的径流量分别占主要河流代表站年总径流量的 59% 和 25%；黄河、长江和珠江代表站的年输沙量分别占主要河流代表站年总输沙量的 45%、26% 和 11%；黄河、塔里木河和疏勒河代表站的平均含沙量较大，分别为 5.76 千克/立方米、3.24 千克/立方米和 3.04 千克/立方米，其他河流代表站的平均含沙量均小于 0.85 千克/立方米。

2024 年主要河流代表站实测水沙特征值与多年平均值比较，长江大通站年径流量基本持平，黄河和海河代表站分别偏小 5% 和 7%，其他河流代表站偏大 9%~169%；松花江、塔里木河、疏勒河和青海湖区代表站年输沙量偏大 28%~209%，其他河流代表站偏小 16%~96%。

2024 年受到极端降雨和台风的影响，长江、黄河、淮河、珠江、松花江和辽河等流域洪水频发。黄河支流北洛河发生 1994 年以来最大洪水，多站洪峰流量位列有实测资料以来的前三位；珠江流域全年共出现 13 次编号洪水，为 1998 年有编号洪水统计以来最多的年份；松花江流域和辽河流域受台风"格美"影响，也多次出现编号洪水。

2024 年长江重庆主城区河段冲刷量为 5.1 万立方米；荆江河段平滩河槽冲刷量为 2207 万立方米；黄河内蒙古河段除石嘴山断面表现为冲刷外，其他断面表现为淤积；黄河下游河道冲刷量为 0.082 亿立方米，引水量和引沙量分别为 95.31 亿立方米和 1987 万吨。

2024 年长江三峡水库库区淤积量为 0.492 亿吨，水库排沙比为 13%；丹江口水库库区淤积量为 568 万吨，水库排沙比为 0.9%；洞庭湖湖区和鄱阳湖湖区淤积量分别为 90.0 万吨和 164 万吨；黄河三门峡水库库区淤积量为 0.179 亿立方米，小浪底水库库区淤积量为 1.165 亿立方米。

2024 年主要泥沙事件包括：长江干流与湖区采砂及疏浚砂综合利用，黄河古贤水利枢纽工程开工建设，黄河水库联合调度实施汛期调水调沙，高含沙监测关键技术取得突破，珠江流域北江、韩江多发洪水致使河道输沙量增加。

目录

编写说明

综述

第一章　长江
一、概述 …………………………………………………… 1
二、径流量与输沙量 ……………………………………… 2
三、重点河段冲淤变化 …………………………………… 12
四、重要水库和湖泊冲淤变化 …………………………… 19
五、重要泥沙事件 ………………………………………… 22

第二章　黄河
一、概述 …………………………………………………… 23
二、径流量与输沙量 ……………………………………… 24
三、重点河段冲淤变化 …………………………………… 28
四、重要水库冲淤变化 …………………………………… 31
五、重要泥沙事件 ………………………………………… 35

第三章　淮河
一、概述 …………………………………………………… 37
二、径流量与输沙量 ……………………………………… 37
三、典型断面冲淤变化 …………………………………… 39

第四章　海河
一、概述 …………………………………………………… 42
二、径流量与输沙量 ……………………………………… 42

  三、典型断面冲淤变化 ·· 47

第五章　珠江
  一、概述 ··· 48
  二、径流量与输沙量 ·· 48
  三、典型断面冲淤变化 ·· 53
  四、重要泥沙事件 ··· 54

第六章　松花江与辽河
  一、概述 ··· 55
  二、径流量与输沙量 ·· 56
  三、典型断面冲淤变化 ·· 62

第七章　东南河流
  一、概述 ··· 64
  二、径流量与输沙量 ·· 65
  三、典型断面冲淤变化 ·· 70

第八章　内陆河流
  一、概述 ··· 71
  二、径流量与输沙量 ·· 72

封面：宁夏七星渠引水闸（喻权刚　摄）
封底：洛古水文站
正文图片：参编单位提供

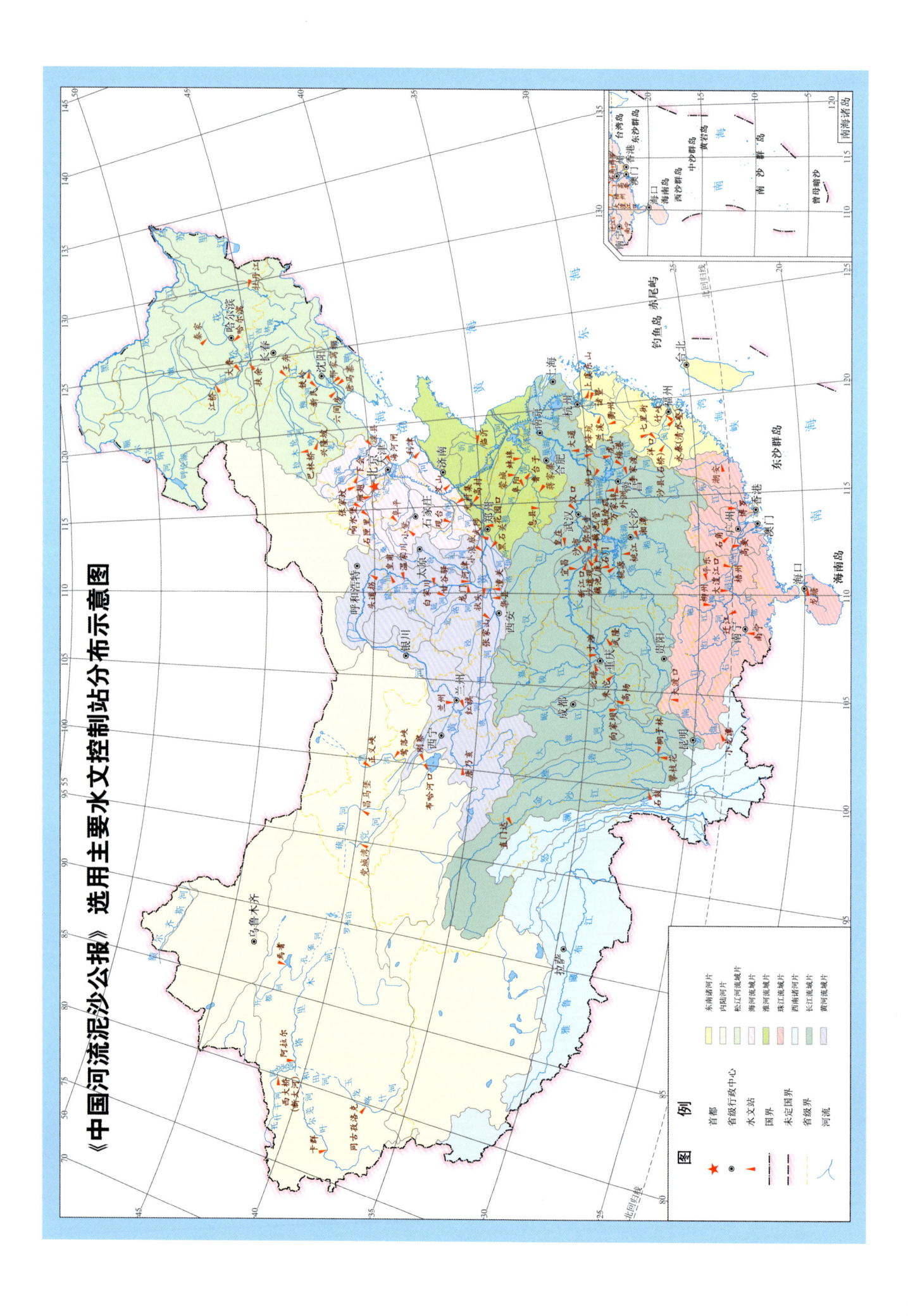

《中国河流泥沙公报》选用主要水文控制站分布示意图

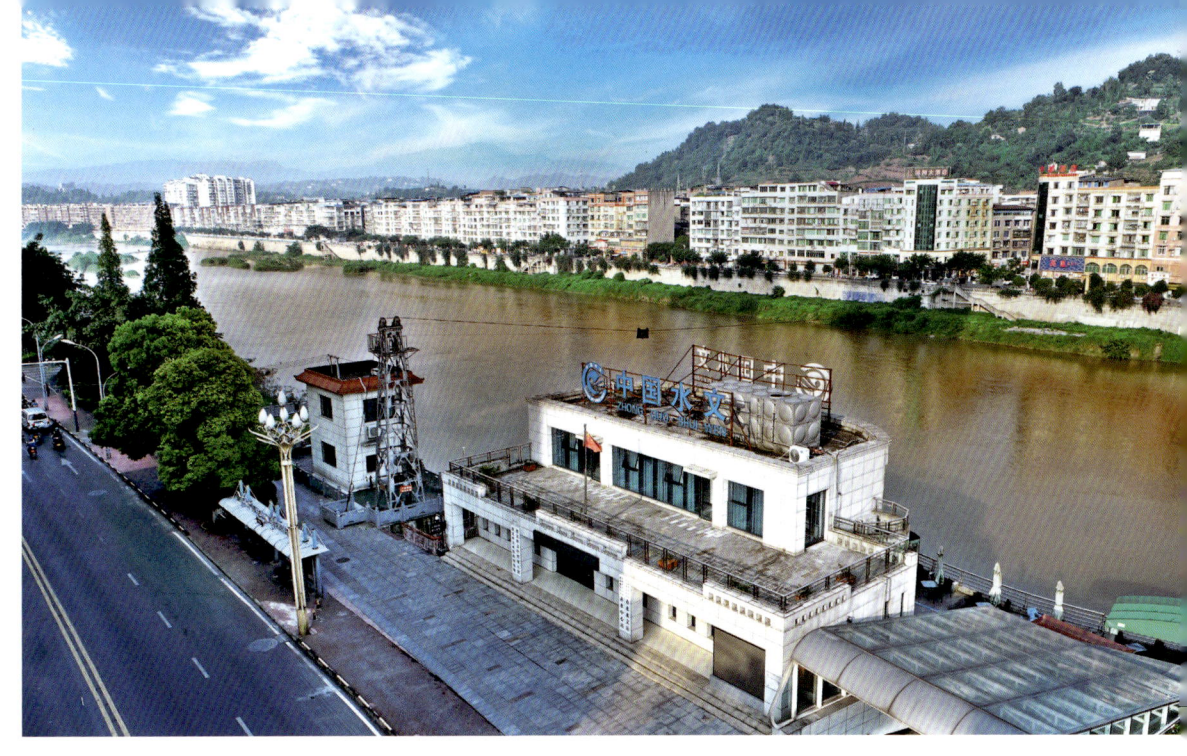

赤水河赤水水文站（何思东 摄）

第一章 长江

一、概述

2024年长江干流主要水文控制站实测径流量与多年平均值比较，直门达站和石鼓站分别偏大56%和14%，攀枝花、汉口和大通各站基本持平，其他站偏小5%~11%；与上年度比较，直门达站减小8%，攀枝花站基本持平，其他站增大6%~36%。2024年长江干流主要水文控制站实测输沙量与多年平均值比较，直门达站偏大51%，其他站偏小43%~100%；与上年度比较，直门达、石鼓和攀枝花各站减小10%~36%，向家坝站基本持平，宜昌站增大数倍，其他站增大61%~143%。

2024年长江主要支流水文控制站实测径流量与多年平均值比较，高场站基本持平，其他站偏小12%~16%；与上年度比较，北碚站和皇庄站基本持平，其他站增大19%~35%。2024年长江主要支流水文控制站实测输沙量与多年平均值比较，各站偏小40%~90%；与上年度比较，皇庄站减小16%，高场站增大数倍，其他站增大150%~167%。

2024年洞庭湖区主要水文控制站实测径流量与多年平均值比较，湘潭站和桃江站分别偏大33%和6%，桃源站和城陵矶站基本持平，其他站偏小17%~89%；与上年度比较，弥陀寺、藕池（管）和藕池（康）各站增大数倍，其他站增大

30%~160%。2024年洞庭湖区主要水文控制站实测输沙量与多年平均值比较，各站偏小26%~99%；与上年度比较，各站输沙量均增大，其中，藕池（康）站2024年输沙量为2.44万吨，2023年输沙量为0，城陵矶站增大63%，其他站增大数倍。

2024年鄱阳湖区主要水文控制站实测径流量与多年平均值比较，各站偏大24%~38%；与上年度比较，各站增大37%~83%。2024年鄱阳湖区主要水文控制站实测输沙量与多年平均值比较，渡峰坑站基本持平，李家渡、虎山和万家埠各站偏大5%~138%，其他站偏小15%~60%；与上年度比较，湖口站减小11%，李家渡站增大41%，其他站增大数倍。

2024年度重庆主城区河段泥沙冲刷量为5.1万立方米；荆江河段表现为冲刷，平滩河槽冲刷量为2207万立方米。2024年三峡水库库区泥沙淤积量为0.492亿吨，水库排沙比为13%；丹江口水库库区泥沙淤积量为568万吨，水库排沙比为0.9%。2024年洞庭湖湖区泥沙淤积量为90.0万吨，湖区淤积比为6%；鄱阳湖湖区泥沙淤积量为164万吨，湖区淤积比为19%。

2024年重要泥沙事件为长江干流与湖区采砂及疏浚砂综合利用。

二、径流量与输沙量

（一）2024年实测水沙特征值

1. 长江干流

2024年长江干流主要水文控制站实测水沙特征值与多年平均值及2023年值的比较见表1-1和图1-1。

2024年实测径流量与多年平均值比较，直门达站和石鼓站分别偏大56%和14%，攀枝花、汉口和大通各站基本持平，向家坝、朱沱、寸滩、宜昌和沙市各站分别偏小5%、6%、10%、11%和9%；与上年度比较，直门达站减小8%，石鼓、向家坝、朱沱、寸滩、宜昌、沙市、汉口和大通各站分别增大6%、12%、16%、12%、10%、7%、32%和36%，攀枝花站基本持平。

2024年实测输沙量与多年平均值比较，直门达站偏大51%，石鼓、攀枝花、向家坝、朱沱、寸滩、宜昌、沙市、汉口和大通各站分别偏小43%、97%、100%、89%、86%、98%、97%、83%和69%；与上年度比较，直门达、石鼓和攀枝花各站分别减小36%、10%和17%，向家坝站基本持平，朱沱、寸滩、沙市、汉口和大通各站分别增大131%、120%、106%、61%和143%，宜昌站增大2.85倍。

表1-1 长江干流主要水文控制站实测水沙特征值对比

水文控制站		直门达	石 鼓	攀枝花	向家坝	朱 沱	寸 滩	宜 昌	沙 市	汉 口	大 通
控制流域面积 (万平方公里)		13.77	21.42	25.92	45.88	69.47	86.66	100.55		148.80	170.54
年径流量 (亿立方米)	多年平均	134.0 (1957—2020年)	426.8 (1952—2020年)	568.4 (1966—2020年)	1425 (1956—2020年)	2668 (1954—2020年)	3448 (1950—2020年)	4330 (1950—2020年)	3932 (1955—2020年)	7074 (1954—2020年)	8983 (1950—2020年)
	近10年平均	178.8	444.8	579.1	1378	2629	3358	4297	3976	7010	9071
	2023年	226.8	461.2	571.5	1208	2166	2779	3505	3330	5189	6720
	2024年	209.7	486.8	575.5	1349	2510	3108	3859	3575	6843	9126
年输沙量 (亿吨)	多年平均	0.100 (1957—2020年)	0.268 (1958—2020年)	0.430 (1966—2020年)	2.06 (1956—2020年)	2.51 (1956—2020年)	3.53 (1953—2020年)	3.76 (1950—2020年)	3.26 (1956—2020年)	3.17 (1954—2020年)	3.51 (1951—2020年)
	近10年平均	0.135	0.287	0.024	0.011	0.368	0.653	0.131	0.218	0.616	1.04
	2023年	0.235	0.170	0.018	0.006	0.122	0.221	0.020	0.052	0.340	0.445
	2024年	0.151	0.153	0.015	0.006	0.282	0.487	0.077	0.107	0.546	1.08
年平均含沙量 (千克/立方米)	多年平均	0.745 (1957—2020年)	0.631 (1958—2020年)	0.754 (1966—2020年)	1.44 (1956—2020年)	0.946 (1956—2020年)	1.03 (1953—2020年)	0.869 (1950—2020年)	0.831 (1956—2020年)	0.448 (1954—2020年)	0.392 (1951—2020年)
	2023年	1.03	0.369	0.032	0.005	0.056	0.080	0.006	0.016	0.065	0.066
	2024年	0.721	0.314	0.026	0.004	0.112	0.157	0.020	0.030	0.080	0.118
年平均中数粒径 (毫米)	多年平均		0.016 (1987—2020年)	0.013 (1987—2020年)	0.013 (1987—2020年)	0.011 (1987—2020年)	0.010 (1987—2020年)	0.008 (1987—2020年)	0.019 (1987—2020年)	0.012 (1987—2020年)	0.011 (1987—2020年)
	2023年		0.009	0.011	0.017	0.012	0.012	0.011	0.022	0.013	0.012
	2024年		0.008	0.007	0.017	0.013	0.012	0.010	0.014	0.012	0.021
输沙模数 [吨/(年·平方公里)]	多年平均	72.6 (1957—2020年)	125 (1958—2020年)	166 (1966—2020年)	449 (1956—2020年)	361 (1956—2020年)	407 (1950—2020年)	374 (1950—2020年)		213 (1954—2020年)	206 (1951—2020年)
	2023年	171	79.4	7.10	1.42	17.6	25.5	1.94		22.8	26.1
	2024年	110	71.4	5.71	1.33	40.6	56.2	7.62		36.7	63.3

2. 长江主要支流

2024年长江主要支流水文控制站实测水沙特征值与多年平均值及2023年值的比较见表1-2和图1-2。

2024年实测径流量与多年平均值比较，桐子林、北碚、武隆和皇庄各站分别偏小12%、16%、16%和12%，高场站基本持平；与上年度比较，桐子林、高场和武隆各站分别增大19%、29%和35%，北碚站和皇庄站基本持平。

2024年实测输沙量与多年平均值比较，桐子林、高场、北碚、武隆和皇庄各站分别偏小47%、40%、73%、85%和90%；与上年度比较，桐子林、北碚和武隆各站分别增大150%、165%和167%，高场站增大3.65倍，皇庄站减小16%。

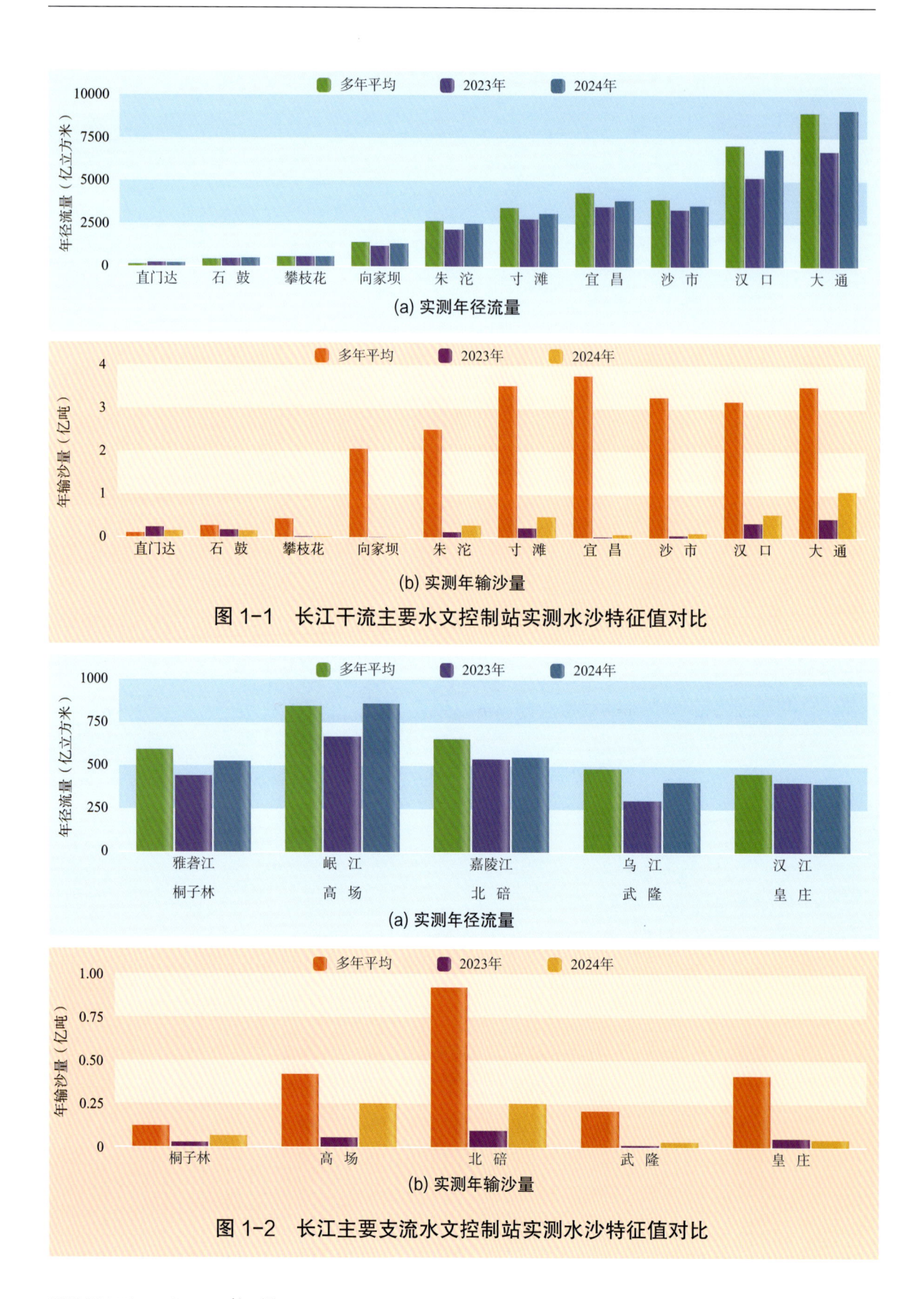

图 1-1 长江干流主要水文控制站实测水沙特征值对比

图 1-2 长江主要支流水文控制站实测水沙特征值对比

表 1-2 长江主要支流水文控制站实测水沙特征值对比

河　流		雅砻江	岷江	嘉陵江	乌江	汉江
水文控制站		桐子林	高场	北碚	武隆	皇庄
控制流域面积（万平方公里）		12.84	13.54	15.67	8.30	14.21
年径流量（亿立方米）	多年平均	595.2 (1999—2020年)	847.9 (1956—2020年)	657.4 (1956—2020年)	485.6 (1956—2020年)	458.2 (1950—2020年)
	近10年平均	568.0	836.3	660.1	464.2	393.0
	2023年	441.7	670.3	539.5	301.4	407.6
	2024年	526.1	862.1	551.8	407.8	401.4
年输沙量（亿吨）	多年平均	0.122 (1999—2020年)	0.419 (1956—2020年)	0.922 (1956—2020年)	0.210 (1956—2020年)	0.412 (1951—2020年)
	近10年平均	0.067	0.208	0.297	0.025	0.043
	2023年	0.026	0.054	0.095	0.012	0.051
	2024年	0.065	0.251	0.252	0.032	0.043
年平均含沙量（千克/立方米）	多年平均	0.206 (1999—2020年)	0.494 (1956—2020年)	1.40 (1956—2020年)	0.433 (1956—2020年)	0.899 (1951—2020年)
	2023年	0.060	0.081	0.177	0.041	0.125
	2024年	0.123	0.291	0.457	0.079	0.107
年平均中数粒径（毫米）	多年平均		0.016 (1987—2020年)	0.008 (2000—2020年)	0.008 (1987—2020年)	0.045 (1987—2020年)
	2023年		0.010	0.009	0.013	0.015
	2024年		0.015	0.011	0.011	0.008
输沙模数[吨/(年·平方公里)]	多年平均	95.0 (1999—2020年)	310 (1956—2020年)	588 (1956—2020年)	253 (1956—2020年)	290 (1951—2020年)
	2023年	20.5	40.3	60.7	14.8	35.7
	2024年	50.3	185	161	39.0	30.4

3. 洞庭湖区

2024年洞庭湖区主要水文控制站实测水沙特征值与多年平均值及2023年值的比较见表1-3和图1-3。

2024年实测径流量与多年平均值比较，湘潭站和桃江站分别偏大33%和6%，桃源站基本持平，石门站偏小17%；荆江河段松滋口、太平口和藕池口（以下简称"三口"）区域内，新江口、沙道观、弥陀寺、藕池（康）和藕池（管）各站分别偏小24%、38%、77%、89%和69%；洞庭湖湖口城陵矶站基本持平。与上年度比较，湘潭、桃江、桃源和石门各站分别增大107%、160%、77%和30%；荆江三口新江口站和沙道观站分别增大42%和83%，弥陀寺、藕池（管）和藕池（康）各站分别增大2.83倍、2.39倍和6661倍；城陵矶站增大95%。

2024年实测输沙量与多年平均值比较，湘潭、桃江、桃源和石门各站分别偏小65%、48%、26%和78%；荆江三口各站分别偏小94%、96%、98%、99%和98%；

表 1-3 洞庭湖区主要水文控制站实测水沙特征值对比

河流		湘江	资水	沅江	澧水	松滋河（西）	松滋河（东）	虎渡河	安乡河	藕池河	洞庭湖湖口
水文控制站		湘潭	桃江	桃源	石门	新江口	沙道观	弥陀寺	藕池（康）	藕池（管）	城陵矶
控制流域面积（万平方公里）		8.16	2.67	8.52	1.53						
年径流量（亿立方米）	多年平均	660.7 (1950—2020年)	229.0 (1951—2020年)	648.0 (1951—2020年)	147.9 (1950—2020年)	292.4 (1955—2020年)	96.00 (1955—2020年)	143.1 (1953—2020年)	23.43 (1950—2020年)	289.4 (1950—2020年)	2842 (1951—2020年)
	近10年平均	692.7	225.3	684.8	143.3	244.1	57.09	49.20	2.361	97.60	2588
	2023年	424.0	93.81	365.3	93.81	155.2	32.75	8.491	0.0004	26.11	1407
	2024年	875.8	243.7	646.2	122.1	220.9	59.77	32.54	2.665	88.41	2742
年输沙量（万吨）	多年平均	875 (1953—2020年)	177 (1953—2020年)	883 (1952—2020年)	474 (1953—2020年)	2510 (1955—2020年)	1000 (1955—2020年)	1360 (1954—2020年)	311 (1956—2020年)	3920 (1956—2020年)	3630 (1951—2020年)
	近10年平均	381	72.2	174	94.8	210	53.6	38.3	2.82	123	1400
	2023年	44.7	3.69	0.373	20.6	55.1	8.89	1.78	0	5.66	849
	2024年	306	92.6	655	103	143	44.6	22.1	2.44	94.7	1380
年平均含沙量（千克/立方米）	多年平均	0.133 (1953—2020年)	0.078 (1953—2020年)	0.136 (1952—2020年)	0.321 (1953—2020年)	0.858 (1955—2020年)	1.04 (1955—2020年)	0.983 (1954—2020年)	1.93 (1956—2020年)	1.59 (1956—2020年)	0.128 (1951—2020年)
	2023年	0.011	0.004	0	0.022	0.036	0.027	0.019	0	0.022	0.060
	2024年	0.035	0.038	0.101	0.084	0.065	0.075	0.064	0.085	0.107	0.050
年平均中数粒径（毫米）	多年平均	0.027 (1987—2020年)	0.031 (1987—2020年)	0.012 (1987—2020年)	0.017 (1987—2020年)	0.009 (1990—2020年)	0.008 (1990—2020年)	0.008 (1990—2020年)	0.010 (1987—2020年)	0.011 (1987—2020年)	0.005 (1987—2020年)
	2023年	0.006	0.011	0.037	0.011	0.024	0.017	0.018		0.016	0.010
	2024年	0.006	0.012	0.010	0.011	0.019	0.016	0.014	0.012	0.014	0.011
输沙模数[吨/(年·平方公里)]	多年平均	107 (1953—2020年)	66.3 (1953—2020年)	104 (1952—2020年)	310 (1953—2020年)						
	2023年	5.48	1.38	0.044	13.5						
	2024年	37.5	34.6	76.9	67.3						

城陵矶站偏小62%。与上年度比较，湘潭、桃江、桃源和石门各站分别增大5.85倍、24.1倍、1755倍和4.00倍；荆江三口新江口、沙道观、弥陀寺和藕池（管）各站分别增大1.6倍、4.02倍、11.4倍和15.7倍，藕池（康）站2024年输沙量为2.44万吨，2023年输沙量为0；城陵矶站增大63%。

2024年4月14日18时至9月30日，弥陀寺站多次发生逆流，逆流累计时长约57天，逆流总径流量为2.450亿立方米，总输沙量为9530吨。

2024年6月28日17时至7月6日2时，藕池（康）站发生逆流，逆流累计时长约7天，逆流总径流量为0.1130亿立方米，总输沙量为0吨。

4. 鄱阳湖区

2024年鄱阳湖区主要水文控制站实测水沙特征值与多年平均值及2023年值的比较见表1-4和图1-4。

2024年实测径流量与多年平均值比较，外洲、李家渡、梅港、虎山、渡峰坑、万家埠和湖口各站分别偏大24%、28%、28%、38%、34%、26%和26%；与上年度比较，

(a) 实测年径流量

(b) 实测年输沙量

图 1-3 洞庭湖区主要水文控制站实测水沙特征值对比

(a) 实测年径流量

(b) 实测年输沙量

图 1-4 鄱阳湖区主要水文控制站实测水沙特征值对比

上述各站分别增大 47%、37%、57%、83%、82%、77% 和 57%。

2024 年实测输沙量与多年平均值比较，外洲、梅港和湖口各站分别偏小 60%、15% 和 29%，渡峰坑站基本持平，李家渡、虎山和万家埠各站分别偏大 5%、138% 和 16%；与上年度比较，李家渡站增大 41%，湖口站减小 11%，外洲、梅港、虎山、渡峰坑和万家埠各站分别增大 1.51 倍、2.31 倍、3.86 倍、1.16 倍和 3.00 倍。

表 1-4 鄱阳湖区主要水文控制站实测水沙特征值对比

河流		赣江	抚河	信江	饶河		修水	湖口水道
水文控制站		外洲	李家渡	梅港	虎山	渡峰坑	万家埠	湖口
控制流域面积（万平方公里）		8.09	1.58	1.55	0.64	0.50	0.35	16.22
年径流量（亿立方米）	多年平均	689.2 (1950—2020年)	128.2 (1953—2020年)	181.8 (1953—2020年)	72.14 (1953—2020年)	47.58 (1953—2020年)	35.83 (1953—2020年)	1518 (1950—2020年)
	近10年平均	724.3	131.8	190.0	81.36	54.83	39.87	1615
	2023 年	580.9	119.7	148.5	54.50	35.04	25.65	1222
	2024 年	853.4	163.9	233.3	99.83	63.93	45.30	1918
年输沙量（万吨）	多年平均	759 (1956—2020年)	135 (1956—2020年)	191 (1955—2020年)	72.3 (1956—2020年)	46.2 (1956—2020年)	34.9 (1957—2020年)	1000 (1952—2020年)
	近10年平均	207	106	109	168	61.5	31.5	646
	2023 年	122	101	49.0	35.4	22.1	10.1	790
	2024 年	306	142	162	172	47.8	40.4	706
年平均含沙量（千克/立方米）	多年平均	0.111 (1956—2020年)	0.108 (1956—2020年)	0.107 (1955—2020年)	0.100 (1956—2020年)	0.097 (1956—2020年)	0.099 (1957—2020年)	0.066 (1952—2020年)
	2023 年	0.021	0.084	0.033	0.065	0.063	0.039	0.065
	2024 年	0.036	0.087	0.070	0.172	0.075	0.090	0.037
年平均中数粒径（毫米）	多年平均	0.043 (1987—2020年)	0.046 (1987—2020年)	0.015 (1987—2020年)				0.007 (2006—2020年)
	2023 年	0.013	0.009	0.013				0.009
	2024 年	0.010	0.010	0.014				0.010
输沙模数[吨/(年·平方公里)]	多年平均	93.8 (1956—2020年)	85.4 (1956—2020年)	123 (1955—2020年)	113 (1956—2020年)	92.4 (1956—2020年)	99.7 (1957—2020年)	61.7 (1952—2020年)
	2023 年	15.1		31.5	55.5	44.1	28.5	48.7
	2024 年	37.8	89.8	104	270	95.4	114	43.5

（二）径流量与输沙量年内变化

1. 长江干流

2024 年长江干流主要水文控制站逐月径流量与输沙量变化见图 1-5。2024 年长江干流直门达、石鼓和攀枝花各站径流量、输沙量主要集中在 5—9 月，分别占全年的 69%~77% 和 95%~97%；向家坝站径流量、输沙量年内分布比较均匀；朱沱、寸滩、宜昌和沙市各站径流量、输沙量主要集中在 6—9 月，分别占全年的 51%~56% 和 86%~96%；汉口站和大通站径流量、输沙量主要集中在 4—8 月，分别占全年的 66%、67% 和 81%、87%。

图 1-5 2024 年长江干流主要水文控制站逐月径流量与输沙量变化

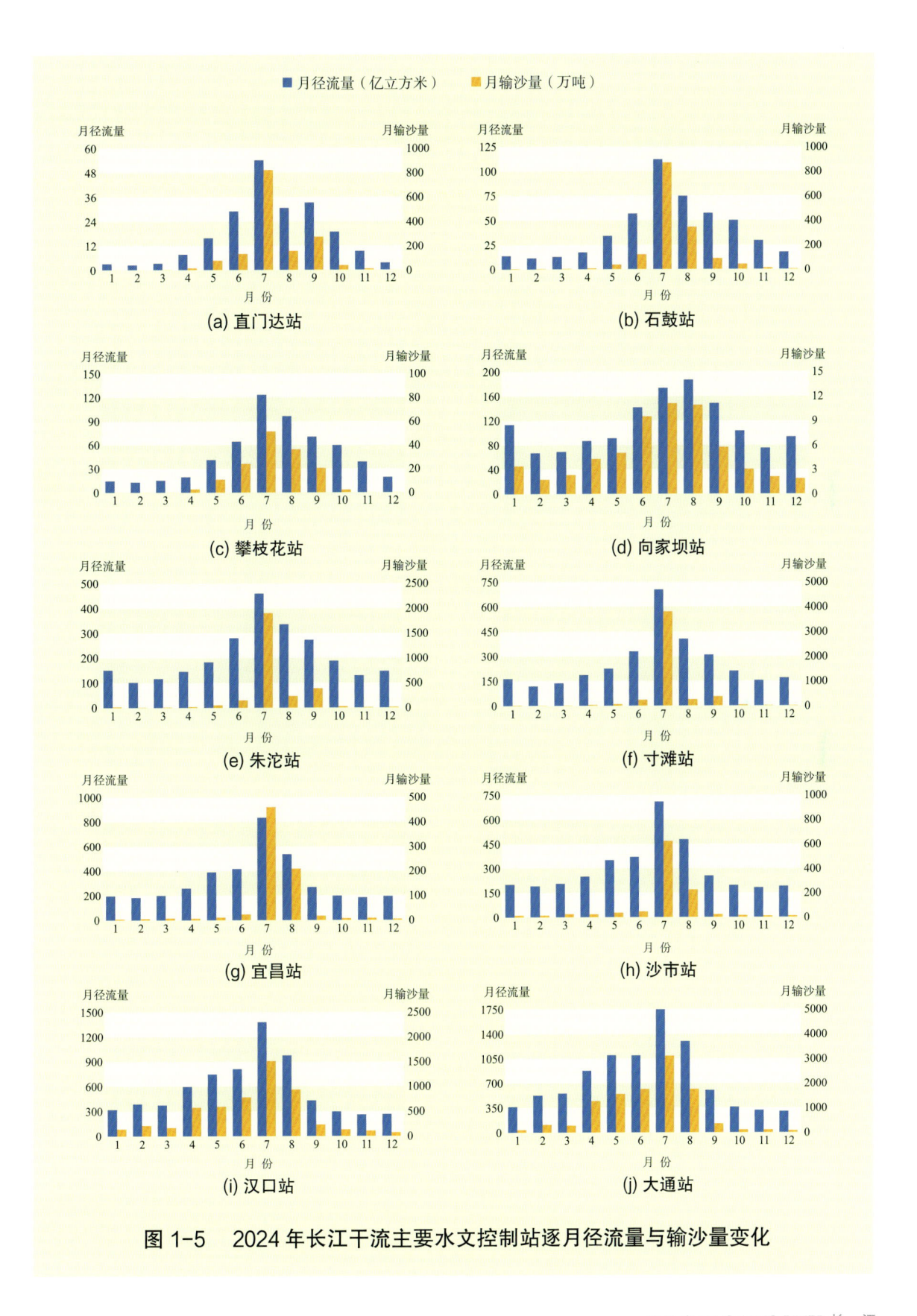

2. 长江主要支流

2024年长江主要支流水文控制站逐月径流量与输沙量的变化见图1-6。2024年长江主要支流桐子林站和高场站径流量、输沙量主要集中在6—9月，分别占全年的50%、62%和84%、97%；北碚站和皇庄站径流量和输沙量主要集中在7—8月，分别占全年的56%、38%和99%、84%；武隆站径流量、输沙量主要集中在5—8月，分别占全年的61%和95%。

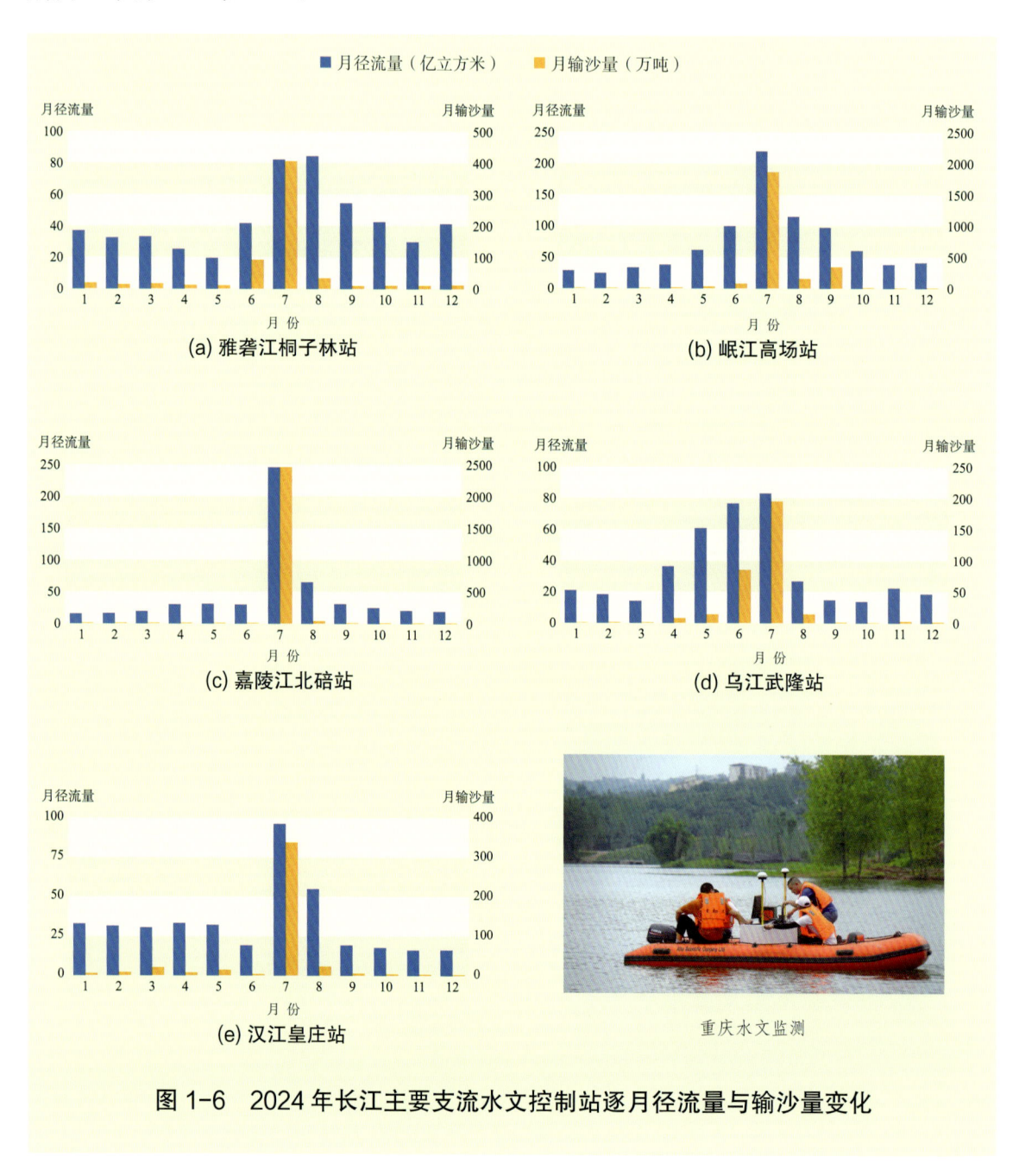

(a) 雅砻江桐子林站

(b) 岷江高场站

(c) 嘉陵江北碚站

(d) 乌江武隆站

(e) 汉江皇庄站

重庆水文监测

图1-6　2024年长江主要支流水文控制站逐月径流量与输沙量变化

3. 洞庭湖区和鄱阳湖区

2024年洞庭湖区和鄱阳湖区主要水文控制站逐月径流量与输沙量变化见图1-7。2024年洞庭湖区湘潭、桃源和城陵矶各站及鄱阳湖区外洲站和湖口站径流量、输沙量主要集中在4—8月，分别占全年的73%~77%和66%~100%；鄱阳湖区梅港站径流量、输沙量主要集中在4—6月，分别占全年的66%和92%。

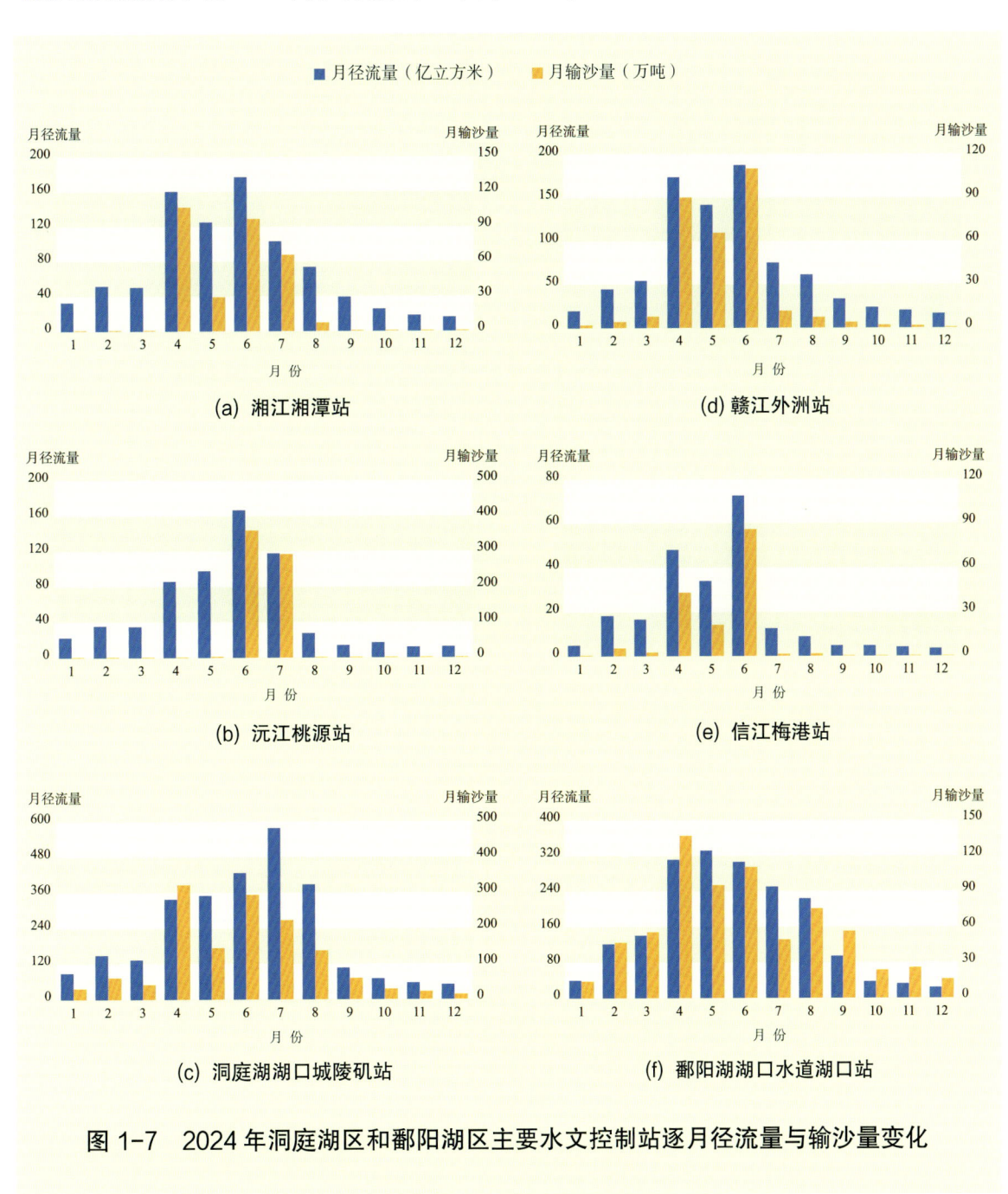

图1-7 2024年洞庭湖区和鄱阳湖区主要水文控制站逐月径流量与输沙量变化

（三）洪水泥沙

2024年汛期长江流域发生中下游型区域性大洪水，长江干流发生3次编号洪水，金沙江、岷江、嘉陵江、汉江等多条支流发生编号洪水，其中对泥沙输移影响较为显著的为嘉陵江2024年第1、2、3号洪水。嘉陵江1号洪水罗渡溪站洪峰流量和最大含沙量分别为16600立方米/秒和2.24千克/立方米；嘉陵江2号洪水小河坝站洪峰流量和最大含沙量分别为10800立方米/秒和12.0千克/立方米；嘉陵江3号洪水小河坝站洪峰流量和最大含沙量分别为9870立方米/秒和9.28千克/立方米。2024年长江流域洪水泥沙特征值见表1-5。

表1-5　2024年长江流域洪水泥沙特征值

河流	洪水编号	水文站	洪水起止时间（月.日）	洪水径流量（亿立方米）	洪水输沙量（万吨）	洪峰流量 流量（立方米/秒）	洪峰流量 发生时间（月.日 时:分）	最大含沙量 含沙量（千克/立方米）	最大含沙量 发生时间（月.日 时:分）
嘉陵江	1	罗渡溪	7.11—7.14	32.81	445	16600	7.11 22:30	2.24	7.12 14:00
嘉陵江	2	小河坝	7.17—7.19	11.88	650	10800	7.18 12:05	12.0	7.19 0:00
嘉陵江	3	小河坝	7.24—7.26	9.708	476	9870	7.25 2:40	9.28	7.26 8:00

三、重点河段冲淤变化

（一）重庆主城区河段

1. 河段概况

重庆主城区河段是指长江干流大渡口至铜锣峡的干流河段（长约40公里）和嘉陵江井口至朝天门的嘉陵江河段（长约20公里），嘉陵江在朝天门从左岸汇入长江。重庆主城区河道在平面上呈连续弯曲的河道形态，弯道段与顺直过渡段长度所占比例约为1:1，河势稳定。重庆主城区河段河势示意图见图1-8。

2. 冲淤变化

重庆主城区河段位于三峡水库变动回水区上段，2008年三峡水库进行175米（吴淞基面，三峡水库水位、高程下同）试验性蓄水后，受上游来水来沙变化及人类活动影响，2008年9月中旬至2024年12月全河段累积冲刷量为1979.0万立方米。其中，嘉陵江汇合口以下的长江干流河段淤积16.8万立方米，汇合口以上的长江干流河段冲刷1786.8万立方米，嘉陵江河段冲刷209.0万立方米。

2023年12月至2024年12月，重庆主城区河段表现为微冲，冲刷量为5.1万立方米。其中，嘉陵江汇合口以下的长江干流河段淤积43.0万立方米，汇合口以上的长江干流河段冲刷31.7万立方米，嘉陵江段冲刷16.4万立方米。局部重点河段均表现为冲刷。具体见表1-6及图1-9。

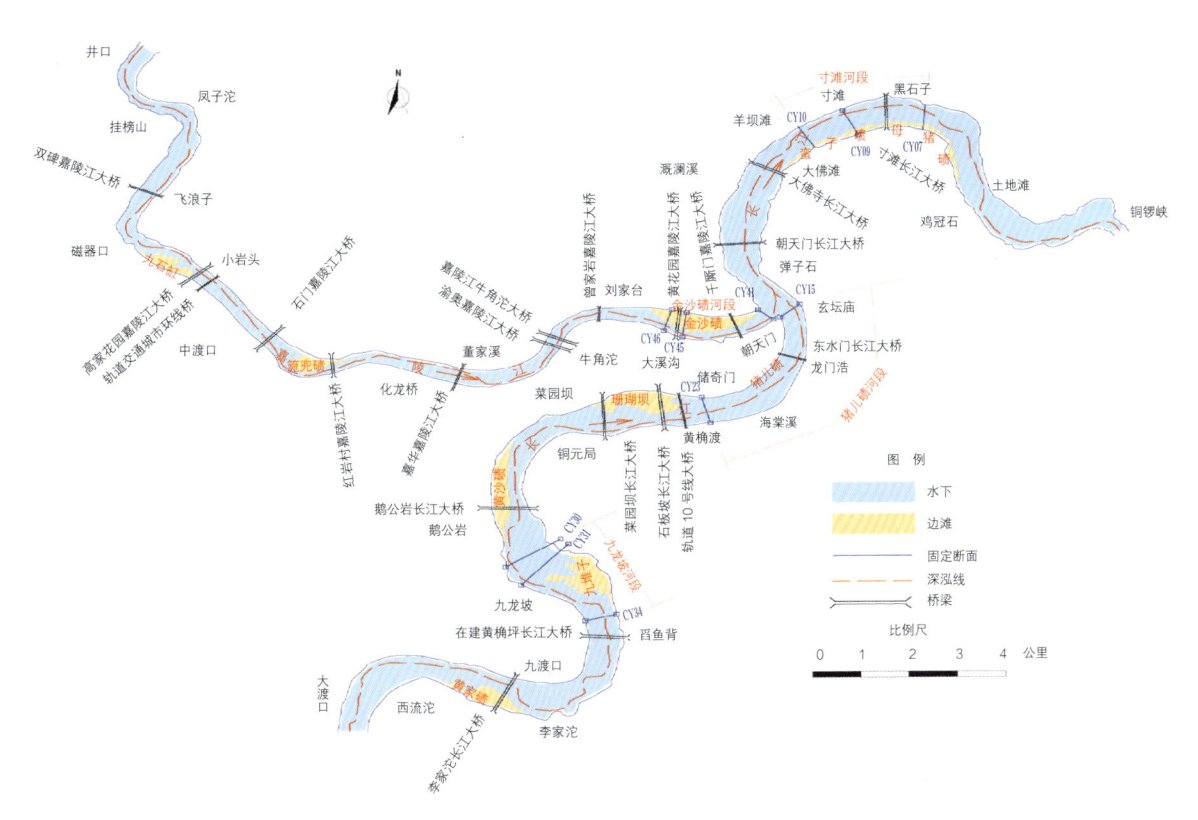

图 1-8　重庆主城区河段河势示意图

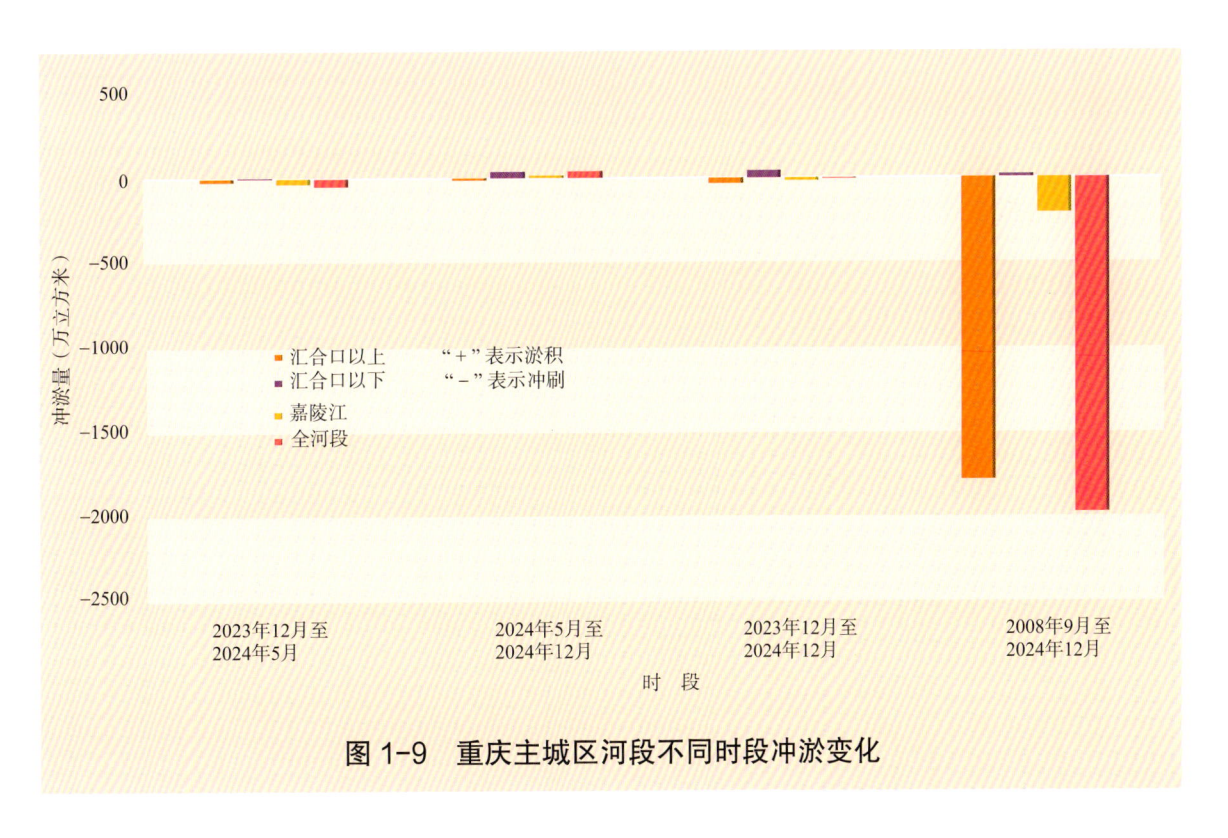

图 1-9　重庆主城区河段不同时段冲淤变化

表1-6 重庆主城区河段冲淤量

单位：万立方米

河段 时段	局部重点河段				长江干流		嘉陵江	全河段
	九龙坡	猪儿碛	寸滩	金沙碛	汇合口（CY15）以上	汇合口（CY15）以下		
2008年9月至2023年12月	−253.1	−138.5	+3.4	−22.1	−1755.1	−26.2	−192.6	−1973.9
2023年12月至2024年5月	−8.1	0	−20.7	+8.1	−19.8	+5.6	−30.8	−45.0
2024年5月至2024年12月	+6.3	−5.5	+17.7	−9.9	−11.9	+37.4	+14.4	+39.9
2023年12月至2024年12月	−1.8	−5.5	−3.0	−1.8	−31.7	+43.0	−16.4	−5.1
2008年9月至2024年12月	−254.9	−144.0	+0.4	−23.9	−1786.8	+16.8	−209.0	−1979.0

注 1. "+"表示淤积，"−"表示冲刷。
 2. 九龙坡、猪儿碛、寸滩河段分别为长江九龙坡港区、汇合口上游干流港区及寸滩新港区，计算河段长度分别为2364米、3717米和2578米；金沙碛河段为嘉陵江口门段（朝天门附近），计算河段长度为2671米。

3. 典型断面变化

在三峡水库蓄水以前的天然情况下，断面年内变化主要表现为汛期淤积、非汛期冲刷，年际间无明显单向性的冲刷或淤积。2008年三峡水库175米试验性蓄水以来，年际间河床断面形态多无明显变化，年内有冲有淤，局部受航道整治工程、采砂等影响高程有所下降（图1-10）。2024年汛前消落期各断面略有冲刷，汛期长江唐家沱河段处断面有所淤积（图1-11）。

4. 河道深泓纵剖面变化

重庆主城区河段深泓纵剖面有冲有淤，2024年年内深泓变化幅度一般在0.5米以内。深泓纵剖面变化见图1-12。

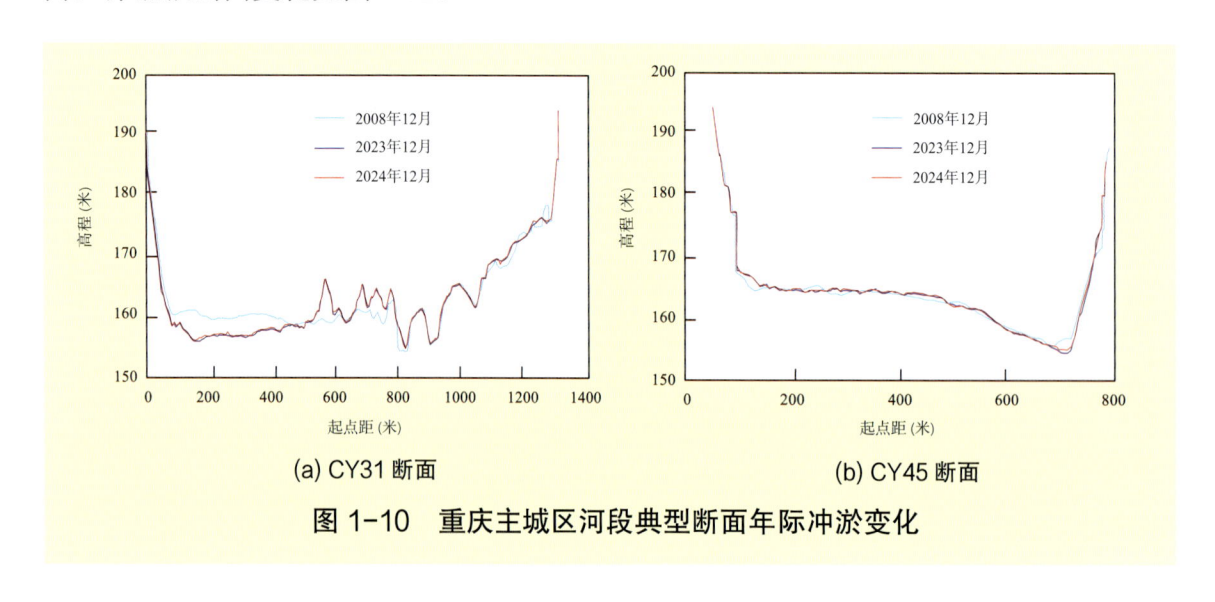

(a) CY31断面

(b) CY45断面

图1-10 重庆主城区河段典型断面年际冲淤变化

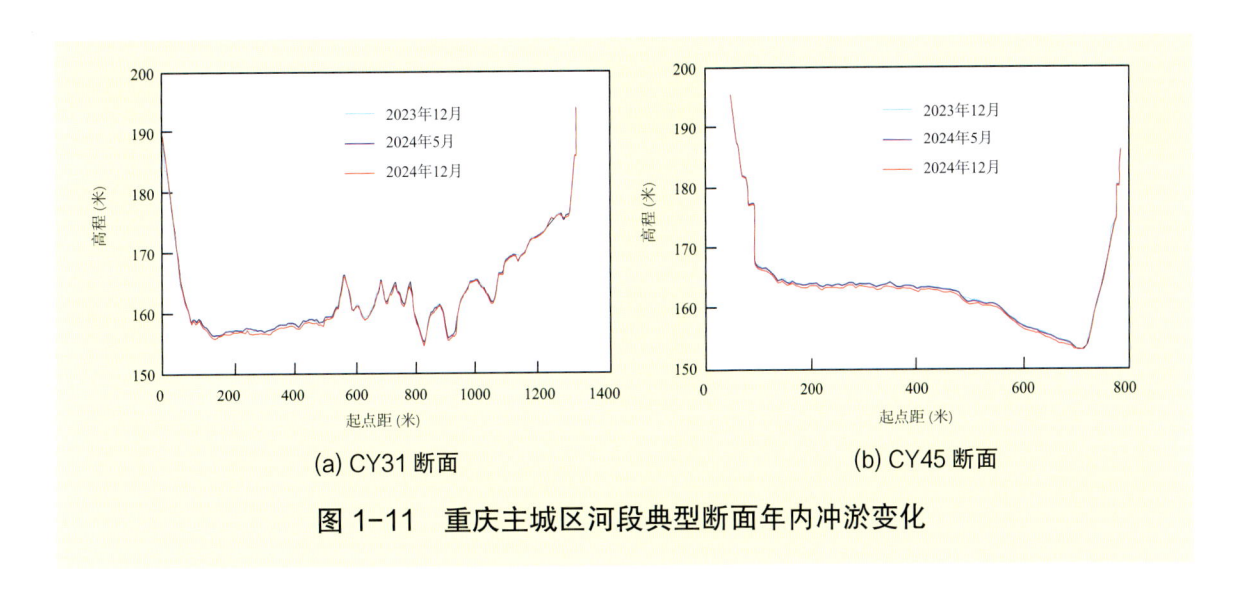

(a) CY31 断面

(b) CY45 断面

图 1-11　重庆主城区河段典型断面年内冲淤变化

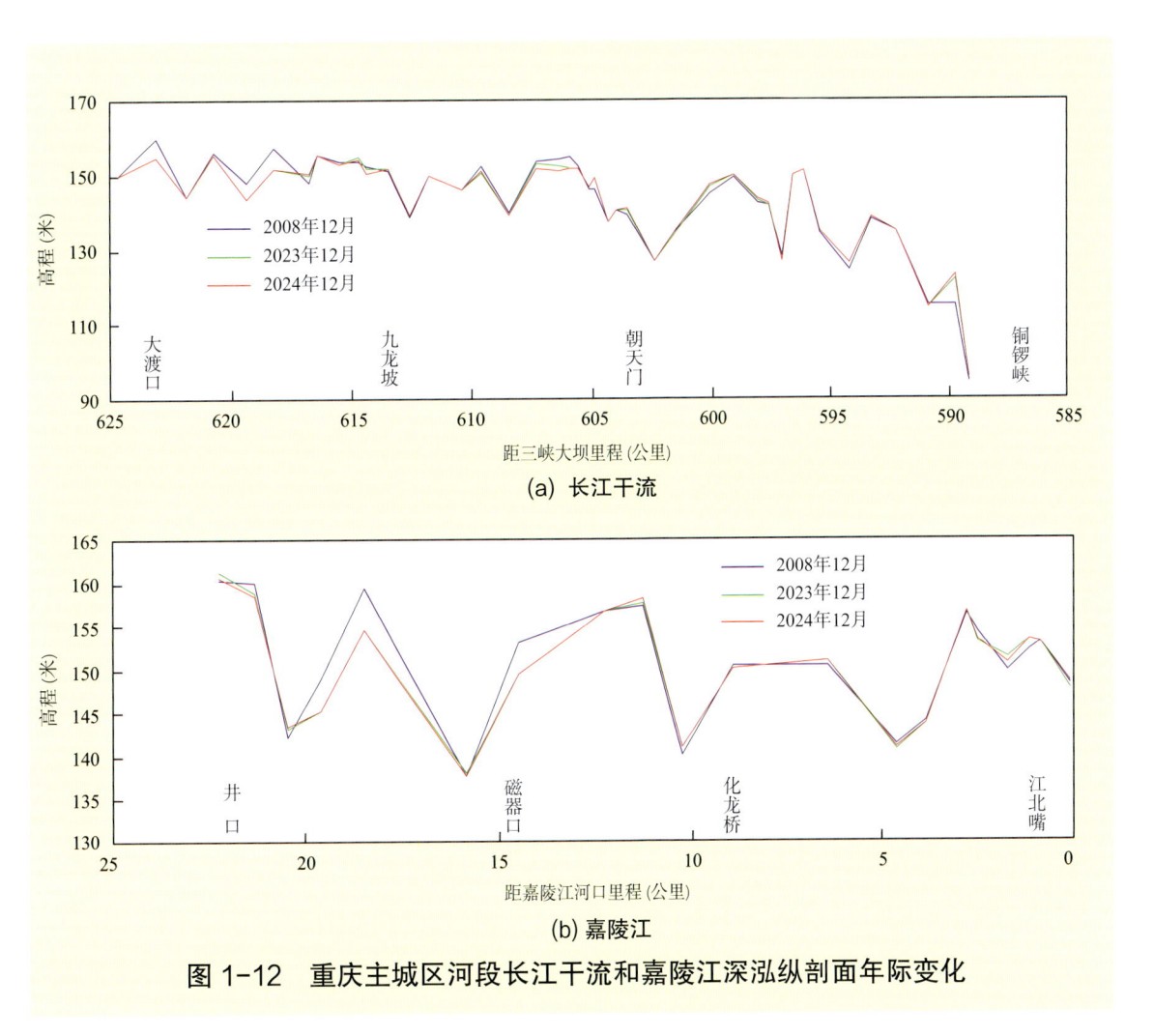

(a) 长江干流

(b) 嘉陵江

图 1-12　重庆主城区河段长江干流和嘉陵江深泓纵剖面年际变化

（二）荆江河段

1. 河段概况

荆江河段上起湖北省枝城、下迄湖南省城陵矶，流经湖北省的枝江、松滋、荆州、公安、沙市、江陵、石首、监利和湖南省的华容、岳阳等县（区、市），全长347.2公里。其间以藕池口为界，分为上荆江和下荆江。上荆江长约171.7公里，为微弯分汊河型；下荆江长约175.5公里，为典型蜿蜒型河道。荆江河道河势示意图见图1-13。

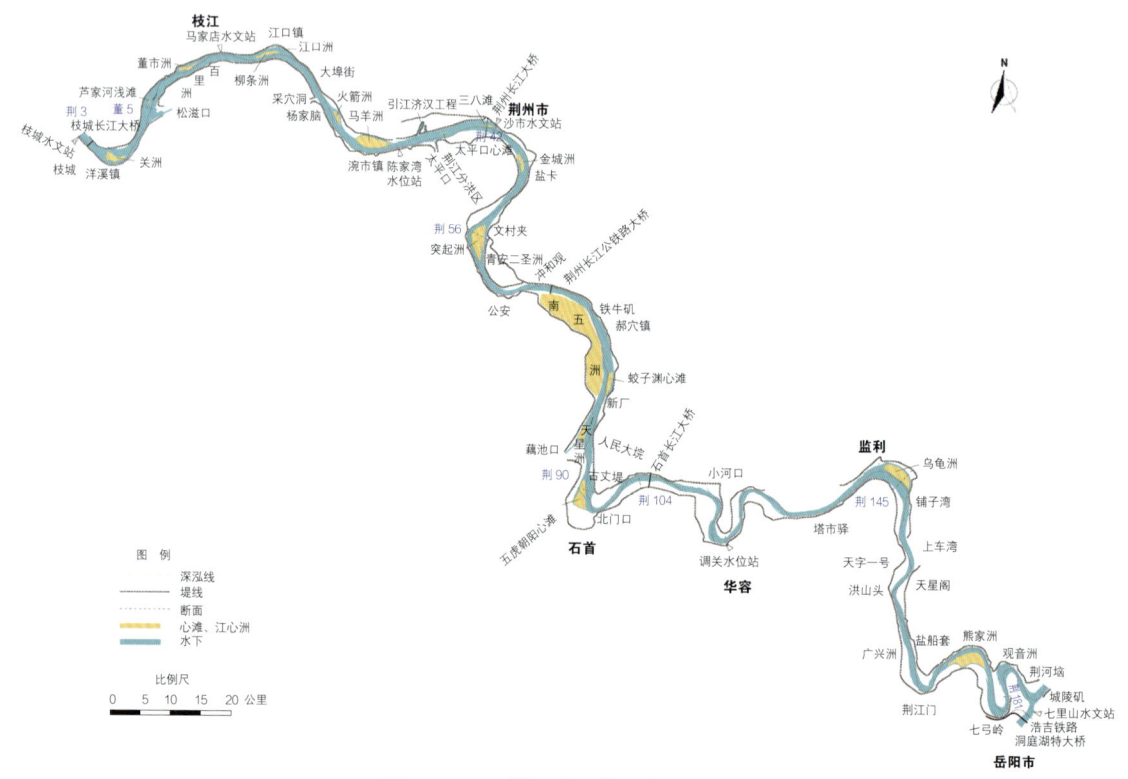

图1-13 荆江河道河势示意图

2. 冲淤变化

2002年10月至2024年10月，荆江河段平滩河槽累计冲刷量为13.49亿立方米，上荆江和下荆江冲刷量分别占总冲刷量的57%和43%。2023年10月至2024年10月，荆江平滩河槽冲刷量为2207万立方米，上荆江和下荆江冲刷量分别占总冲刷量的75%和25%，冲刷主要集中在枯水河槽。荆江河段冲淤变化具体见表1-7及图1-14。

3. 典型断面变化

荆江河段断面形态多为不规则的U形、W形或偏V形，2003年三峡水库蓄水运用以来，荆江河段典型断面总体表现为冲刷下切，江心洲以及边滩崩退，局部未防护段岸坡崩塌；顺直段断面变化小，分汊段及弯道段断面交替冲淤变化较大，如三八滩、金城洲、石首弯道、乌龟洲等。典型断面冲淤变化见图1-15。

表 1-7 荆江河段冲淤变化统计   单位：万立方米

河段	时段	冲淤量 枯水河槽	冲淤量 基本河槽	冲淤量 平滩河槽
上荆江	2002年10月至2020年10月	−69013	−70446	−72722
	2020年10月至2023年10月	−2408	−2443	−2729
	2023年10月至2024年10月	−1651	−1680	−1649
	2002年10月至2024年10月	−73072	−74569	−77100
下荆江	2002年10月至2020年10月	−42811	−45892	−50226
	2020年10月至2023年10月	−6207	−6443	−6994
	2023年10月至2024年10月	−599	−466	−558
	2002年10月至2024年10月	−49617	−52801	−57778
荆江河段	2002年10月至2020年10月	−111824	−116338	−122948
	2020年10月至2023年10月	−8614	−8886	−9723
	2023年10月至2024年10月	−2250	−2146	−2207
	2002年10月至2024年10月	−122688	−127370	−134878

注 1. "+"表示淤积，"−"表示冲刷。
    2. 表中枯水河槽、基本河槽、平滩河槽分别指宜昌站流量5000立方米/秒、10000立方米/秒和30000立方米/秒对应水面线下的河床。

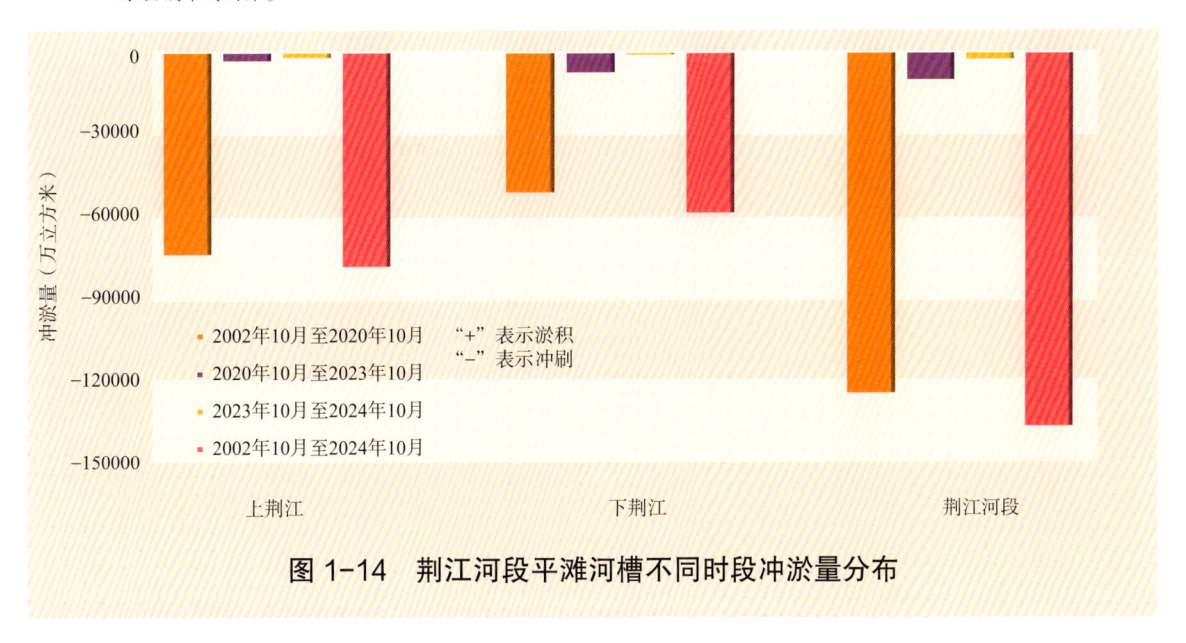

图 1-14 荆江河段平滩河槽不同时段冲淤量分布

4. 河道深泓纵剖面变化

2002年10月至2024年10月，荆江河段纵向深泓以冲刷为主（图1-16），平均冲刷深度为3.34米，最大冲刷深度为19.0米，位于调关河段的荆120断面（距葛洲坝坝轴线距离264.7公里）。2023年10月至2024年10月，荆江河段深泓冲淤变幅较小，最大冲深为7.7米（石首河段北门口附近），最大淤高为5.4米（乌龟洲洲头附近）。

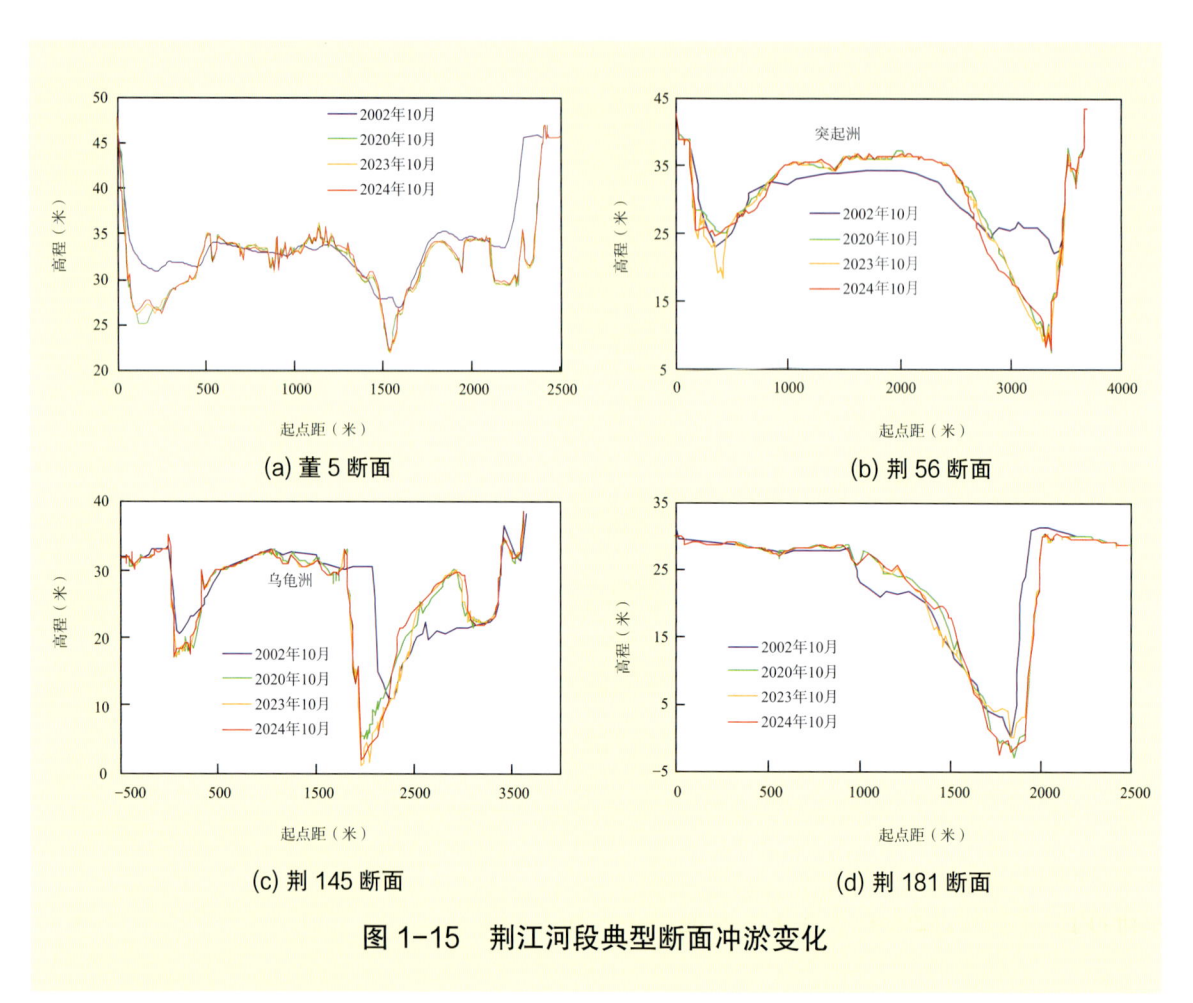

(a) 董 5 断面

(b) 荆 56 断面

(c) 荆 145 断面

(d) 荆 181 断面

图 1-15　荆江河段典型断面冲淤变化

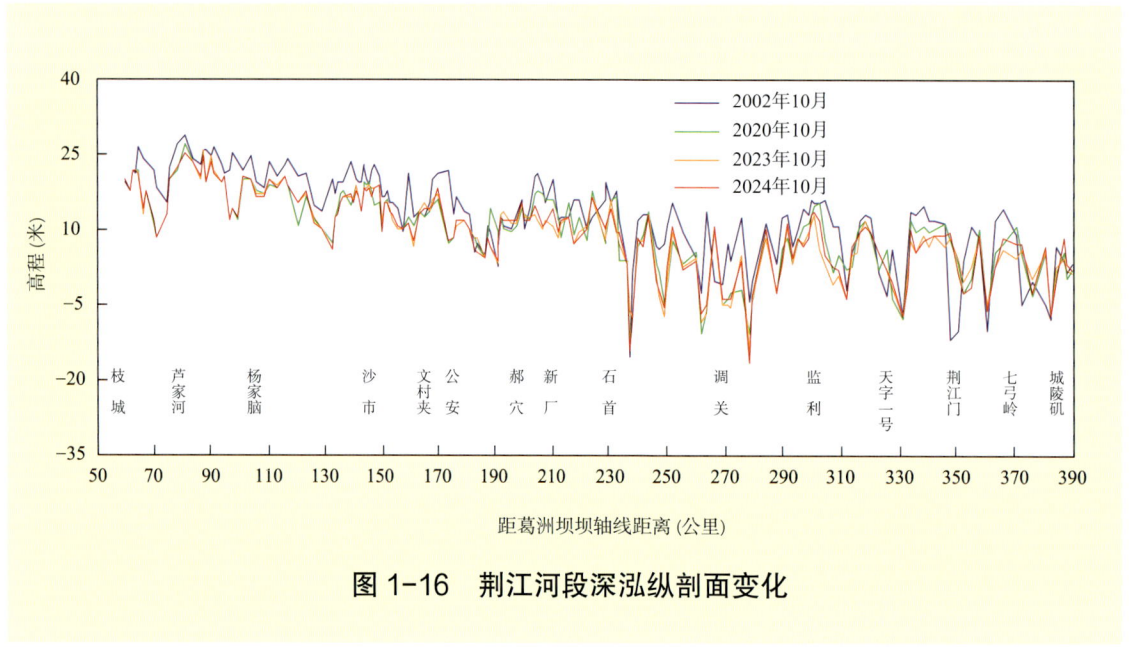

图 1-16　荆江河段深泓纵剖面变化

四、重要水库和湖泊冲淤变化

（一）三峡水库

1. 进出库水沙量

2024年1月1日三峡水库坝前水位自167.18米开始逐步消落，6月6日8时消落至145.51米，随后三峡水库转入汛期运行。汛期，长江流域发生3次编号洪水，三峡水库最大入库流量为55000立方米/秒，为缓解中下游河段防洪压力，三峡水库拦蓄洪水，汛期最高运行水位达到166.55米。9月10日三峡水库进行175米蓄水（坝前水位154.00米），至11月30日三峡水库最高蓄水至168.19米，12月开始三峡库水位逐步消落。2024年三峡入库径流量和输沙量（朱沱站、北碚站和武隆站之和）分别为3470亿立方米和0.566亿吨，与2003—2023年的平均值相比，分别偏少6%和58%。

2024年三峡水库出库控制站黄陵庙站径流量和输沙量分别为3772亿立方米和735万吨。2024年宜昌站径流量和输沙量分别为3859亿立方米和766万吨，与2003—2023年的平均值相比，分别偏少7%和75%。

2. 水库淤积量

在不考虑区间来沙的情况下，2024年三峡水库库区泥沙淤积量为0.492亿吨，水库排沙比为13%。2024年三峡水库泥沙淤积量年内变化见图1-17。

三峡水库2003年6月蓄水运用以来至2024年12月，入库悬移质泥沙量为27.7亿吨，出库（黄陵庙站）悬移质泥沙量为6.44亿吨，不考虑三峡库区区间来沙，水库泥沙淤积量为21.3亿吨，水库排沙比为23.2%。

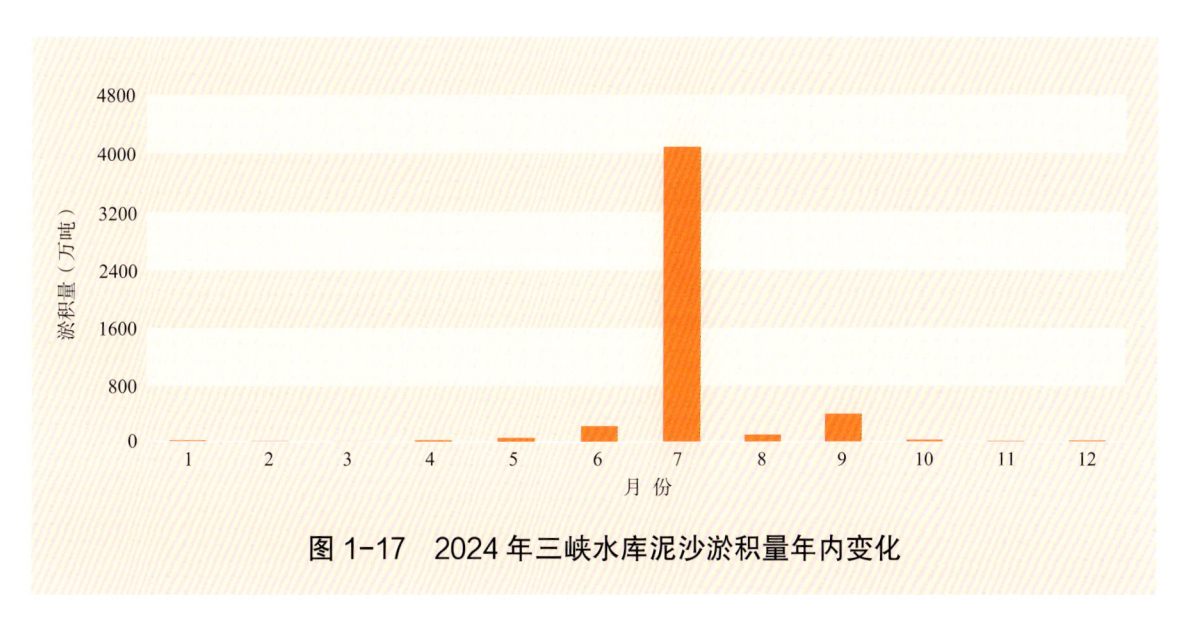

图1-17 2024年三峡水库泥沙淤积量年内变化

3. 水库典型断面冲淤变化

三峡水库蓄水以来，受上游来水来沙、河道采砂和水库调度等影响，变动回水区总体冲刷，泥沙淤积主要集中在涪陵以下的常年回水区。水库175米高程以下河床内泥沙淤积量占干流总淤积量的98%（其中145米高程以下库容内河床淤积量占干流总淤积量的90%；145~175米高程之间的水库防洪库容内河床淤积量占干流总淤积量的8%）。三峡水库泥沙淤积以主槽为主，沿程则以宽谷段淤积为主，占总淤积量的94%，如S113、S207、S242等断面；窄深段淤积相对较少或略有冲刷，如位于瞿塘峡的S109断面，深泓最大淤高66.7米（S34断面）。三峡水库典型断面冲淤变化见图1-18。

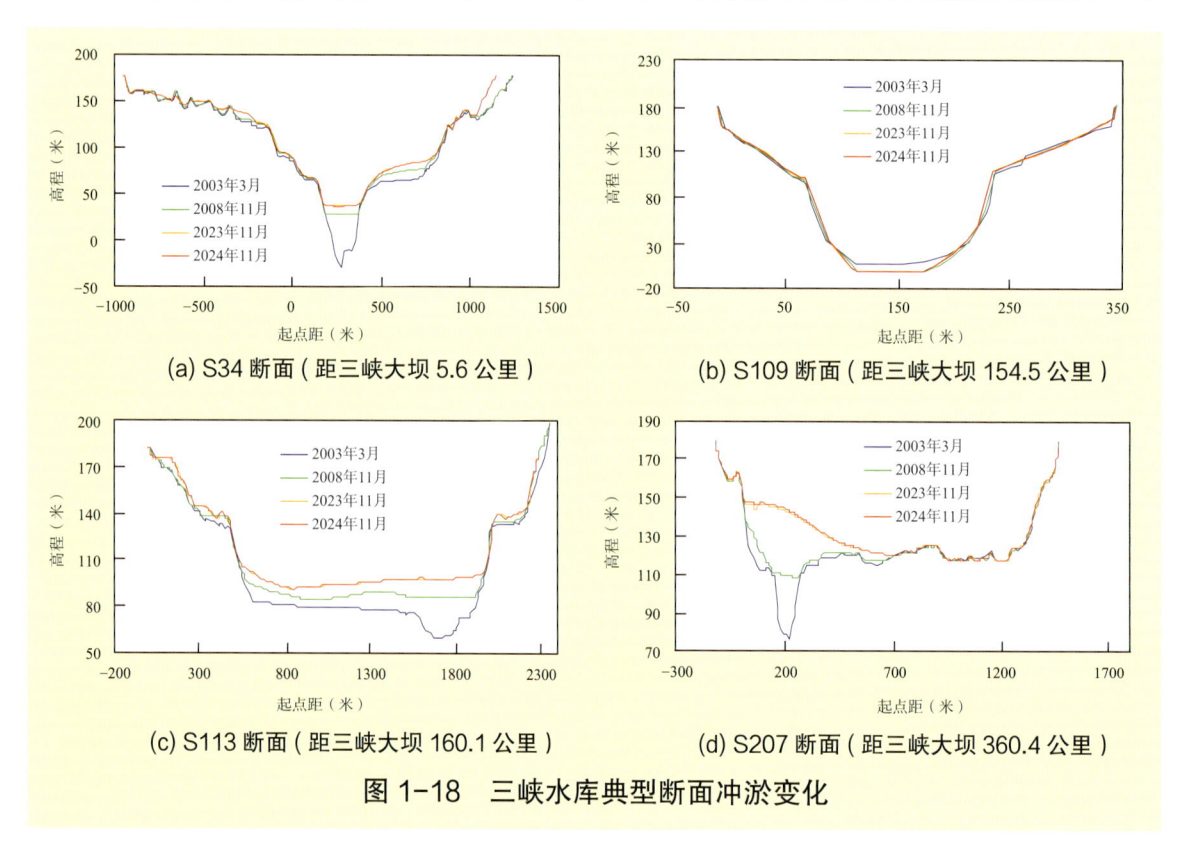

(a) S34断面（距三峡大坝5.6公里）

(b) S109断面（距三峡大坝154.5公里）

(c) S113断面（距三峡大坝160.1公里）

(d) S207断面（距三峡大坝360.4公里）

图1-18 三峡水库典型断面冲淤变化

（二）丹江口水库

1. 进出库水沙量

2024年丹江口水库入库径流量和输沙量（干流白河站、天河贾家坊站、堵河黄龙滩站、丹江磨峪湾站和老灌河淅川站五站之和）分别为273.9亿立方米和573万吨，较2023年径流量减少35%、输沙量增加20%。

2024年丹江口水库出库径流量和输沙量（丹江口大坝、南水北调中线调水的渠首陶岔闸和清泉沟闸三个出库口水沙量之和）分别为381.2亿立方米和5.05万吨，较2023年径流量基本持平、输沙量减少77%。

2. 水库淤积量

在不考虑区间来沙的情况下，2024年丹江口水库库区泥沙淤积量为568万吨，水库排沙比为0.9%。

（三）洞庭湖区

1. 进出湖水沙量

2024年洞庭湖入湖主要水文控制站总径流量和总输沙量分别为2292亿立方米和1470万吨，其中荆江三口年径流量和年输沙量分别为404.3亿立方米和307万吨，洞庭湖区湘江、资水、沅江和澧水（简称"四水"）控制站年径流量和年输沙量分别为1888亿立方米和1160万吨。与1956—2020年多年平均值比较，2024年洞庭湖入湖总径流量和总输沙量分别偏小7%和87%；与近10年平均值比较，2024年入湖总径流量基本持平，总输沙量偏大27%。

2024年由城陵矶站汇入长江的径流量和输沙量分别为2742亿立方米和1380万吨，与1951—2020年多年平均值相比，径流量基本持平，输沙量偏小62%，与近10年平均值相比，径流量偏大6%，输沙量基本持平。

2. 湖区淤积量

在不考虑湖区其他进、出湖输沙量及河道采砂的情况下，2024年洞庭湖湖区泥沙淤积量为90.0万吨，湖区泥沙淤积比为6%。

（四）鄱阳湖区

1. 进出湖水沙量

鄱阳湖入湖径流量和输沙量分别由五河七口水文站（赣江外洲，抚河李家渡，信江梅港，饶河虎山、渡峰坑，修水万家埠、虬津）和五河六口水文站（外洲，李家渡，梅港，虎山、渡峰坑，万家埠）控制，2024年鄱阳湖入湖总径流量和总输沙量分别为1568亿立方米和870万吨；与1956—2020年多年平均值比较，2024年入湖总径流量偏大26%，总输沙量偏小30%；与近10年平均值比较，2024年入湖总径流量和总输沙量分别偏大20%和27%。

2024年由湖口站汇入长江的出湖径流量和输沙量分别为1918亿立方米和706万吨，较1950—2020年多年平均值径流量偏大26%，输沙量偏小29%；与近10年平均值比较，2024年出湖总径流量和总输沙量分别偏大19%和9%。

2. 湖区淤积量

在不考虑湖区其他进、出湖输沙量及河道采砂的情况下，2024年鄱阳湖湖区泥沙淤积量为164万吨，湖区泥沙淤积比为19%。

五、重要泥沙事件

长江干流与湖区采砂及疏浚砂综合利用

2024年，长江干流宜宾以下河道共实施采砂1666万吨。其中，长江上游干流河道实施采砂363万吨，长江中下游干流河道实施采砂1303万吨。洞庭湖湖区实施采砂4580万吨，鄱阳湖湖区及主要支流实施采砂2854万吨。

2024年，长江干流河道疏浚砂综合利用总量为3513万吨。其中，河道和航道疏浚砂综合利用量为963万吨，港口、码头、取水口等涉水工程维护性疏浚砂综合利用量为2550万吨。洞庭湖湖区及主要支流疏浚砂综合利用量为460万吨，鄱阳湖湖区及主要支流疏浚砂综合利用量为457万吨。

黄河源（龙虎 摄）

第二章 黄河

一、概述

2024年黄河干流主要水文控制站实测径流量与多年平均值比较，龙门、小浪底和高村各站基本持平，兰州站和头道拐站分别偏大15%和14%，其他站偏小5%~12%；与上年度比较，各站增大13%~43%。2024年黄河干流主要水文控制站实测输沙量与多年平均值比较，各站偏小35%~83%；与上年度比较，兰州站增大数倍，其他站增大42%~169%。其中，唐乃亥站自2024年8月1日起下迁39.5公里，暂定为唐乃亥（羊曲下）站，本年度不进行比较分析。

2024年黄河主要支流水文控制站实测径流量与多年平均值比较，黑石关站基本持平，其他站偏小12%~94%；与上年度比较，红旗站和状头站[1]基本持平，温家川、白家川、甘谷驿和张家山各站增大8%~41%，其他站减小16%~47%。2024年黄河主要支流水文控制站实测输沙量与多年平均值比较，状头站偏大13%，其他站偏小27%~100%；与上年度比较，红旗站和皇甫站分别偏大19%和50%，温家川、白家川、甘谷驿、张家山、状头、华县和河津各站增大数倍以上，黑石关站2024年与2023年输沙量均为0，武陟站2024年输沙量为0、2023年输沙量近似为0。

2024年度内蒙古河段石嘴山站断面表现为冲刷，巴彦高勒、三湖河口和头道拐各站断面表现为淤积；黄河下游河道冲刷量为0.082亿立方米，引水量和引沙量分别为95.31亿立方米和1987万吨。2024年度三门峡水库库区淤积量为0.179亿立方米，小浪底水库库区淤积量为1.165亿立方米。

2024年重要泥沙事件：黄河古贤水利枢纽工程开工建设，黄河水库联合调度实施汛期调水调沙，高含沙监测关键技术取得突破。

---

[1] 从本年度开始状头站站名不再使用"浕"。

二、径流量与输沙量

（一）2024年实测水沙特征值

1. 黄河干流

2024年黄河干流主要水文控制站实测水沙特征值与多年平均值及2023年值的比较见表2-1和图2-1。

2024年实测径流量与多年平均值比较，龙门、小浪底和高村各站基本持平，兰州站和头道拐站分别偏大15%和14%，潼关、花园口、艾山和利津各站分别偏小5%、7%、6%和12%；与上年度比较，兰州、头道拐、龙门、潼关、小浪底、花园口、高村、艾山和利津各站分别增大23%、43%、41%、17%、21%、13%、13%、15%和13%。

表2-1　黄河干流主要水文控制站实测水沙特征值对比

水文控制站		唐乃亥	兰州	头道拐	龙门	潼关	小浪底	花园口	高村	艾山	利津
控制流域面积（万平方公里）		12.20	22.26	36.79	49.76	68.22	69.42	73.00	73.41	74.91	75.19
年径流量（亿立方米）	多年平均	204.0 (1950—2020年)	314.4 (1950—2020年)	216.6 (1950—2020年)	258.7 (1950—2020年)	335.3 (1952—2020年)	338.6 (1950—2020年)	369.8 (1952—2020年)	330.6 (1952—2020年)	327.8 (1952—2020年)	288.6 (1952—2020年)
	近10年平均	223.6	349.4	224.4	239.9	310.7	326.6	349.7	319.4	298.3	249.4
	2023年	220.7	294.0	173.4	180.0	270.3	268.5	307.1	281.9	266.2	226.5
	2024年		362.8	247.6	253.4	317.6	324.9	345.7	317.4	306.5	255.3
年输沙量（亿吨）	多年平均	0.120 (1956—2020年)	0.610 (1950—2020年)	0.987 (1950—2020年)	6.33 (1950—2020年)	9.21 (1952—2020年)	8.44 (1950—2020年)	7.92 (1952—2020年)	7.10 (1952—2020年)	6.86 (1952—2020年)	6.38 (1952—2020年)
	近10年平均	0.110	0.235	0.604	1.33	1.73	1.95	1.68	1.87	1.82	1.56
	2023年	0.125	0.084	0.239	0.472	0.953	1.44	1.23	1.27	1.13	0.969
	2024年		0.300	0.643	1.08	1.83	2.05	2.00	1.95	1.91	1.59
年平均含沙量（千克/立方米）	多年平均	0.589 (1956—2020年)	1.94 (1950—2020年)	4.55 (1950—2020年)	24.5 (1950—2020年)	27.5 (1952—2020年)	24.9 (1950—2020年)	21.4 (1952—2020年)	21.5 (1952—2020年)	20.9 (1952—2020年)	22.1 (1952—2020年)
	2023年	0.566	0.286	1.38	2.62	3.53	5.36	4.01	4.51	4.24	4.28
	2024年		0.827	2.60	4.26	5.76	6.31	5.79	6.14	6.23	6.23
年平均中数粒径（毫米）	多年平均	0.016 (1984—2020年)	0.015 (1957—2020年)	0.017 (1958—2020年)	0.026 (1956—2020年)	0.021 (1961—2020年)	0.018 (1961—2020年)	0.019 (1961—2020年)	0.021 (1954—2020年)	0.022 (1962—2020年)	0.019 (1962—2020年)
	2023年	0.012	0.012	0.019	0.029	0.017	0.029	0.024	0.023	0.024	0.016
	2024年		0.014	0.017	0.021	0.012	0.021	0.019	0.021	0.019	0.015
输沙模数[吨/(年·平方公里)]	多年平均	98.5 (1956—2020年)	274 (1950—2020年)	268 (1950—2020年)	1270 (1950—2020年)	1350 (1952—2020年)	1220 (1950—2020年)	1080 (1952—2020年)	968 (1952—2020年)	915 (1952—2020年)	848 (1952—2020年)
	2023年	102	37.7	65.0	94.9	140	207	168	173	151	129
	2024年		135	175	217	268	295	274	266	255	211

注　唐乃亥站自2024年8月1日起下迁39.5公里，暂定为唐乃亥（羊曲下）站，本年度不进行比较分析。

(a) 实测年径流量

(b) 实测年输沙量

图 2-1 黄河干流主要水文控制站实测水沙特征值对比

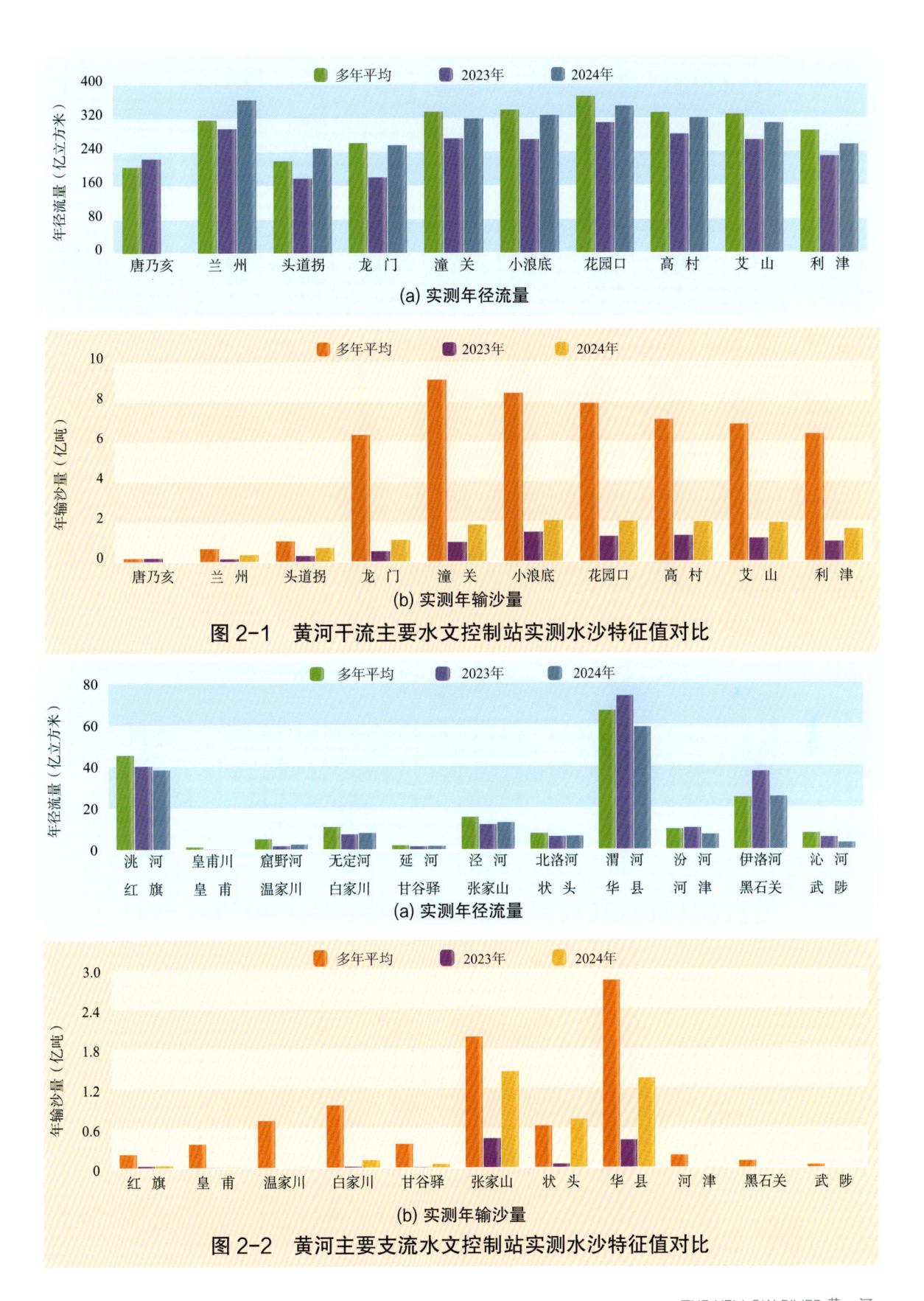

(a) 实测年径流量

(b) 实测年输沙量

图 2-2 黄河主要支流水文控制站实测水沙特征值对比

2024年实测输沙量与多年平均值比较,兰州、头道拐、龙门、潼关、小浪底、花园口、高村、艾山和利津各站分别偏小51%、35%、83%、80%、76%、75%、73%、72%和75%;与上年度比较,兰州站增大2.57倍,头道拐、龙门、潼关、小浪底、花园口、高村、艾山和利津各站分别增大169%、129%、92%、42%、63%、54%、69%和64%。

2. 黄河主要支流

2024年黄河主要支流水文控制站实测水沙特征值与多年平均值及2023年值的比较见表2-2和图2-2。

2024年实测径流量与多年平均值比较,黑石关站基本持平,红旗、皇甫、温家川、白家川、甘谷驿、张家山、状头、华县、河津和武陟各站分别偏小16%、94%、52%、27%、19%、17%、18%、12%、27%和60%;与上年度比较,红旗站和状头站基本持平,温家川、白家川、甘谷驿和张家山各站分别增大41%、8%、10%和8%,皇甫、华县、河津、黑石关和武陟各站分别减小16%、20%、31%、32%和47%。

表2-2 黄河主要支流水文控制站实测水沙特征值对比

河流		洮河	皇甫川	窟野河	无定河	延河	泾河	北洛河	渭河	汾河	伊洛河	沁河
水文控制站		红旗	皇甫	温家川	白家川	甘谷驿	张家山	状头	华县	河津	黑石关	武陟
控制流域面积 (万平方公里)		2.50	0.32	0.85	2.97	0.59	4.32	2.56	10.56	3.87	1.86	1.29
年径流量 (亿立方米)	多年平均	45.41 (1954—2020年)	1.180 (1954—2020年)	5.098 (1954—2020年)	10.87 (1956—2020年)	1.971 (1952—2020年)	15.55 (1950—2020年)	7.678 (1950—2020年)	66.88 (1950—2020年)	9.691 (1950—2020年)	24.95 (1950—2020年)	7.670 (1950—2020年)
	近10年平均	41.61	0.2100	2.773	8.568	1.597	13.48	5.909	66.38	9.355	21.71	6.667
	2023年	40.12	0.0800	1.724	7.309	1.447	11.97	6.158	73.88	10.25	37.34	5.718
	2024年	38.33	0.0673	2.437	7.911	1.597	12.90	6.322	58.80	7.089	25.24	3.049
年输沙量 (亿吨)	多年平均	0.203 (1954—2020年)	0.360 (1954—2020年)	0.724 (1954—2020年)	0.947 (1956—2020年)	0.361 (1952—2020年)	1.98 (1950—2020年)	0.647 (1956—2020年)	2.85 (1950—2020年)	0.186 (1950—2020年)	0.101 (1950—2020年)	0.041 (1950—2020年)
	近10年平均	0.045	0.015	0.004	0.198	0.026	0.668	0.146	0.659	0.002	0.004	0.004
	2023年	0.026	0.002	0.001	0.013	0.004	0.442	0.050	0.414	0.000	0	0.000
	2024年	0.031	0.003	0.002	0.112	0.052	1.45	0.732	1.350	0.001	0	0
年平均含沙量 (千克/立方米)	多年平均	4.48 (1954—2020年)	305 (1954—2020年)	142 (1954—2020年)	87.1 (1956—2020年)	183 (1952—2020年)	127 (1950—2020年)	84.3 (1956—2020年)	42.7 (1950—2020年)	19.1 (1950—2020年)	4.05 (1950—2020年)	5.33 (1950—2020年)
	2023年	0.648	25.0	0.030	1.78	2.76	36.9	8.12	5.60	0.016	0	0.015
	2024年	0.809	44.6	0.821	14.2	32.6	112	116	23.0	0.141	0	0
年平均中数粒径 (毫米)	多年平均		0.039 (1957—2020年)	0.045 (1958—2020年)	0.030 (1962—2020年)	0.026 (1963—2020年)	0.024 (1964—2020年)	0.025 (1963—2020年)	0.017 (1956—2020年)	0.016 (1956—2020年)	0.009 (1956—2020年)	
	2023年		0.017	0.006	0.021	0.012	0.014	0.010	0.011	0.013		
	2024年		0.010	0.011	0.021	0.021	0.022	0.020	0.017	0.011		
输沙模数 [吨/(年·平方公里)]	多年平均	815 (1954—2020年)	11300 (1954—2020年)	8500 (1954—2020年)	3190 (1956—2020年)	6130 (1952—2020年)	4580 (1950—2020年)	2520 (1956—2020年)	2680 (1950—2020年)	479 (1950—2020年)	544 (1950—2020年)	317 (1950—2020年)
	2023年	104	62.2	0.613	43.1	70.0	1020	194	389	0.426	0	0.676
	2024年	124	103	26.3	377	878	3360	2860	1270	2.71	0	0

2024年实测输沙量与多年平均值比较，状头站偏大13%，红旗、皇甫、温家川、白家川、甘谷驿、张家山、华县和河津各站分别偏小85%、99%、近100%、88%、86%、27%、53%和99%；与上年度比较，红旗站和皇甫站分别偏大19%和50%，温家川、白家川、甘谷驿、张家山、状头、华县和河津各站分别增大42.0倍、7.75倍、11.5倍、2.28倍、13.6倍、2.26倍和5.36倍，黑石关站2024年和2023年输沙量均为0，武陟站2024年输沙量为0、2023年输沙量近似为0。

（二）径流量与输沙量年内变化

2024年黄河干流主要水文控制站逐月实测径流量与输沙量变化见图2-3。2024年黄河干流唐乃亥站径流量、输沙量主要集中在5—8月，分别占全年的57%和96%；头道拐站径流量、输沙量主要集中在6—11月，分别占全年的66%和88%；龙门站和潼

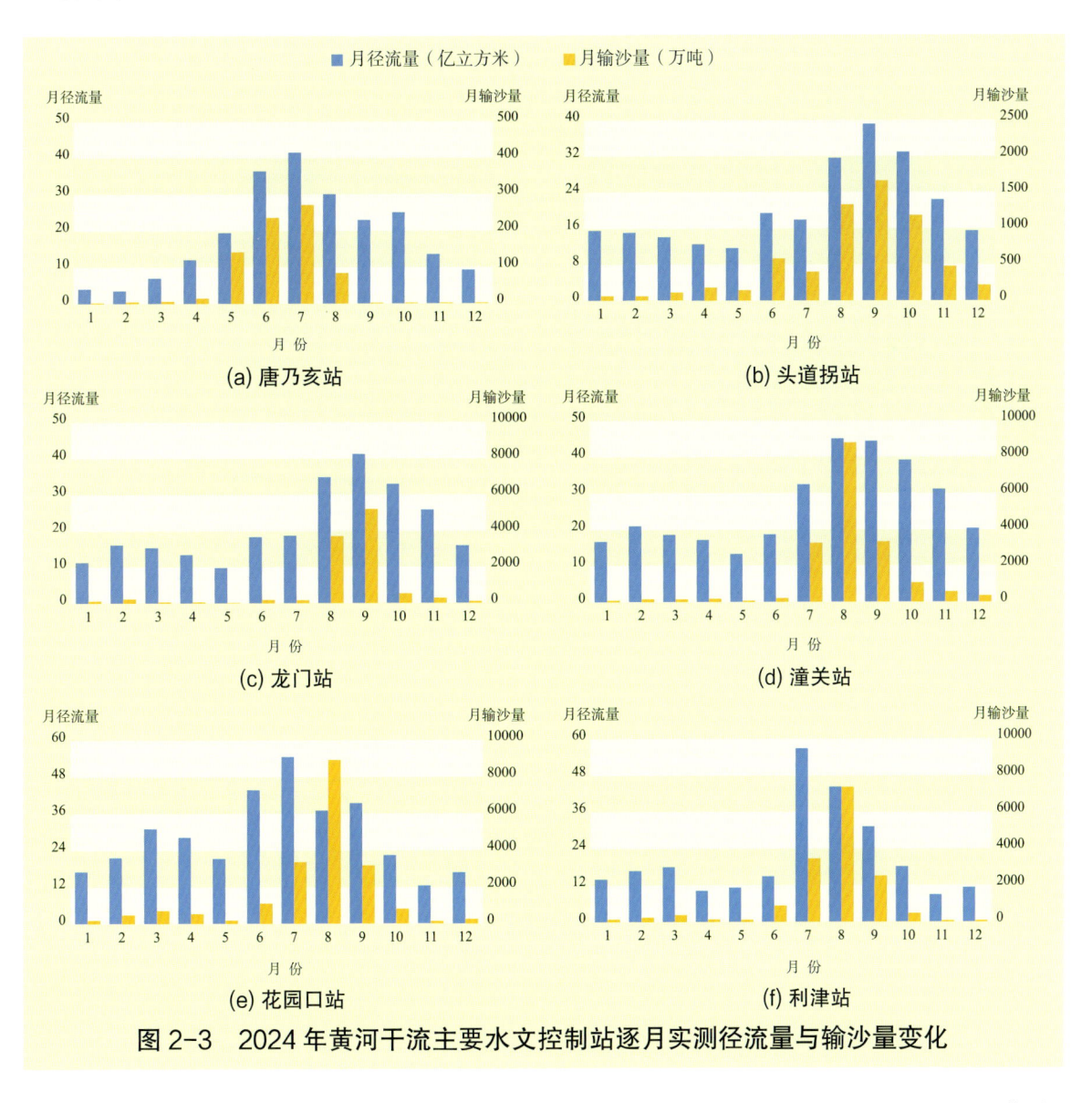

图 2-3　2024年黄河干流主要水文控制站逐月实测径流量与输沙量变化

关站径流量、输沙量主要集中在 7—11 月，分别占全年的 61%、60% 和 92%、93%；花园口站和利津站径流量、输沙量主要集中在 6—10 月，分别占全年的 57%、65% 和 87%、92%。

（三）洪水泥沙

2024 年黄河干流 7 月 12 日至 8 月 13 日发生了 1 次编号洪水，唐乃亥站洪峰流量和最大含沙量分别为 2790 立方米/秒和 1.67 千克/立方米；黄河支流渭河 7 月 16—22 日发生了 1 次编号洪水，临潼站洪峰流量和最大含沙量分别为 3270 立方米/秒和 20.6 千克/立方米；黄河支流北洛河 8 月 8—12 日发生 1994 年以来最大洪水，多站洪峰流量位列有实测资料以来年极值的前三位，状头站洪峰流量和最大含沙量分别为 3280 立方米/秒和 618 千克/立方米。2024 年黄河流域洪水泥沙特征值见表 2-3。

表 2-3　2024 年黄河流域洪水泥沙特征值

河流	洪水编号	水文站	洪水起止时间（月.日时）	洪水径流量（亿立方米）	洪水输沙量（万吨）	洪峰流量 流量（立方米/秒）	洪峰流量 发生时间（月.日时:分）	最大含沙量 含沙量（千克/立方米）	最大含沙量 发生时间（月.日时:分）
干流	1	唐乃亥	7.12 15—8.13 7	51.60	298	2790	7.30 6:24	1.67	7.27 8:00
渭河	1	临潼	7.16 20—7.21 20	5.381	450	3270	7.18 10:00	20.6	7.18 2:00
		华县	7.17 8—7.22 8	5.741	418	2930	7.18 19:24	11.4	7.18 12:00
泾河		杨家坪	7.23 0—7.28 0	0.759	437	1010	7.24 5:00	168	7.23 6:36
		桃园	7.24 2—7.29 2	1.766	2730	903	7.25 8:00	471	7.24 22:00
渭河		临潼	7.24 8—7.29 8	4.459	2800	2320	7.25 14:30	129	7.25 0:00
		华县	7.24 16—7.29 16	4.696	2710	2220	7.25 18:42	101	7.25 16:54
北洛河		吴旗	8.8 22—8.11 6	0.356	1710	2250	8.9 0:00	706	8.9 0:06
		刘家	8.9 0—8.11 8	1.037	4720	4120	8.9 2:30	653	8.9 7:30
		交口河	8.9 18—8.12 2	1.000	5450	3550	8.9 21:00	698	8.10 8:00
		状头	8.10 8—8.12 16	1.242	6100	3280	8.10 12:20	618	8.10 11:00

三、重点河段冲淤变化

（一）内蒙古河段典型断面冲淤变化

黄河内蒙古河段石嘴山、巴彦高勒、三湖河口和头道拐各站断面的冲淤变化见图 2-4。石嘴山站断面 2024 年汛后与 1992 年同期相比 [图 2-4(a)]，高程 1091.50 米（汛期历史最高水位以上0.61米）以下断面面积增大约32平方米，主槽冲刷，深泓点降低（未含露天矿坑积水区）。2024年汛后与上年度同期相比，高程1091.50米以下断面面积增大约69平方米。

巴彦高勒站断面2024年汛后与2014年同期相比[图2-4(b)]，高程1055.00米（汛期历史最高水位以上0.78米）以下断面面积增大约19平方米，断面两岸冲刷，中部淤积。2024年汛后与上年度同期相比，高程1055.00米以下断面面积减小约20平方米，断面左岸冲刷，中部与右岸淤积，深泓点略有降低。

三湖河口站断面2024年汛后与2002年同期相比[图2-4(c)]，高程1019.50米（汛期历史最高水位以上0.31米）以下断面面积增大约823平方米，断面冲刷，主槽左移，深泓点降低。2024年汛后与上年度同期相比，高程1019.50米以下断面面积减小约17平方米，河道主槽淤积，两岸冲刷，深泓点抬高。

头道拐站断面2024年汛后与1987年同期相比[图2-4(d)]，高程992.00米（汛期历史最高水位以上0.50米）以下断面面积减小约423平方米，主槽摆向右岸，深泓点抬高。2024年汛后与上年度同期相比，高程992.00米以下断面面积减小约144平方米，主槽除局部冲刷外大部分为淤积，深泓点抬高。

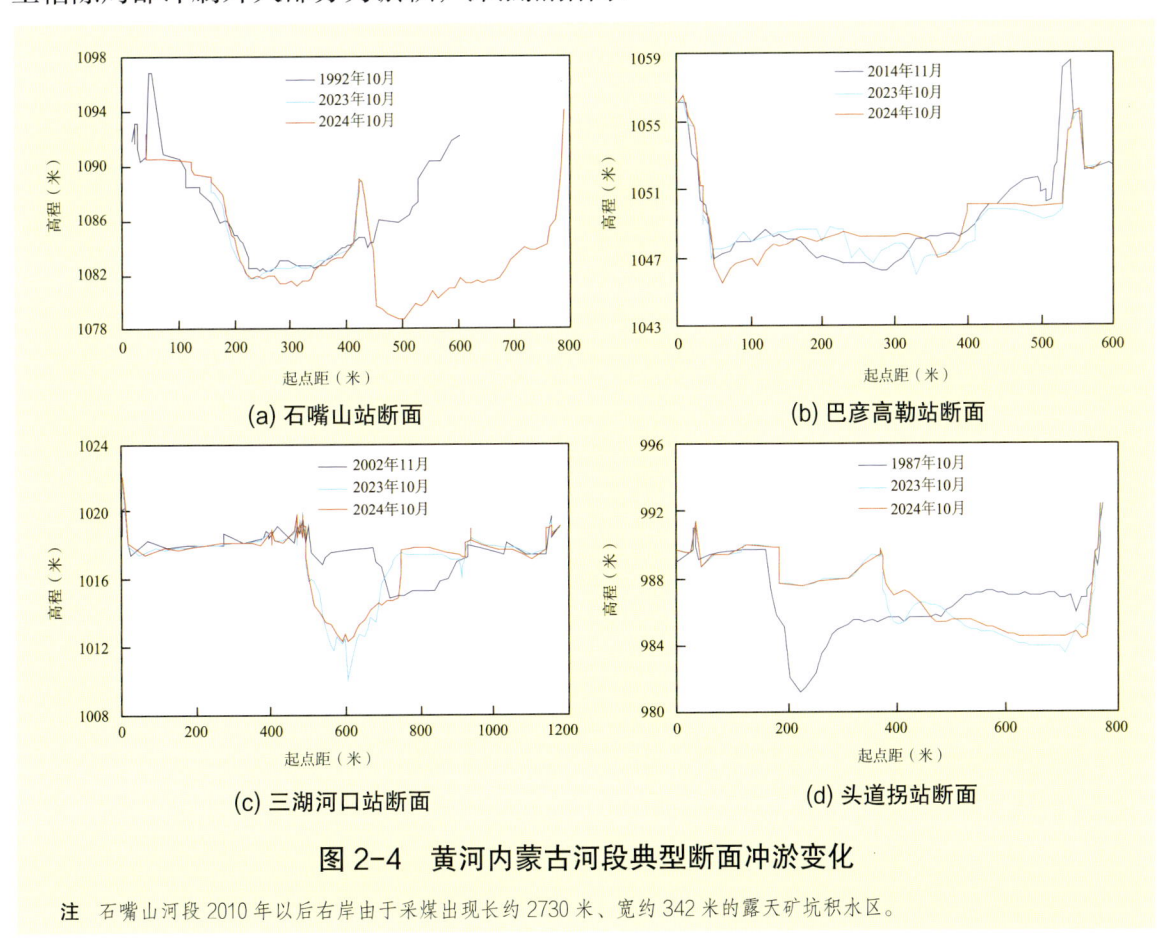

(a) 石嘴山站断面

(b) 巴彦高勒站断面

(c) 三湖河口站断面

(d) 头道拐站断面

图2-4 黄河内蒙古河段典型断面冲淤变化

注 石嘴山河段2010年以后右岸由于采煤出现长约2730米、宽约342米的露天矿坑积水区。

（二）黄河下游河段

1. 河段冲淤量

2023 年 10 月至 2024 年 10 月，黄河下游河道总冲刷量为 0.082 亿立方米，其中，夹河滩—高村、艾山—利津河段表现为淤积，淤积量为 0.069 亿立方米，其他河段表现为冲刷，冲刷量为 0.151 亿立方米。各河段冲淤量见表 2-4。

表 2-4　2024 年度黄河下游各河段冲淤量

河段	西霞院—花园口	花园口—夹河滩	夹河滩—高村	高村—孙口	孙口—艾山	艾山—泺口	泺口—利津	合计
河段长度（公里）	112.8	100.8	72.6	118.2	63.9	101.8	167.8	737.9
冲淤量（亿立方米）	−0.067	−0.020	+0.025	−0.063	−0.001	+0.017	+0.027	−0.082

注　"+"表示淤积，"−"表示冲刷。

2. 典型断面冲淤变化

黄河下游河道典型断面冲淤变化见图 2-5。与 2023 年 10 月相比，2024 年 10 月花园口、丁庄、孙口和泺口各站断面均表现为冲刷。

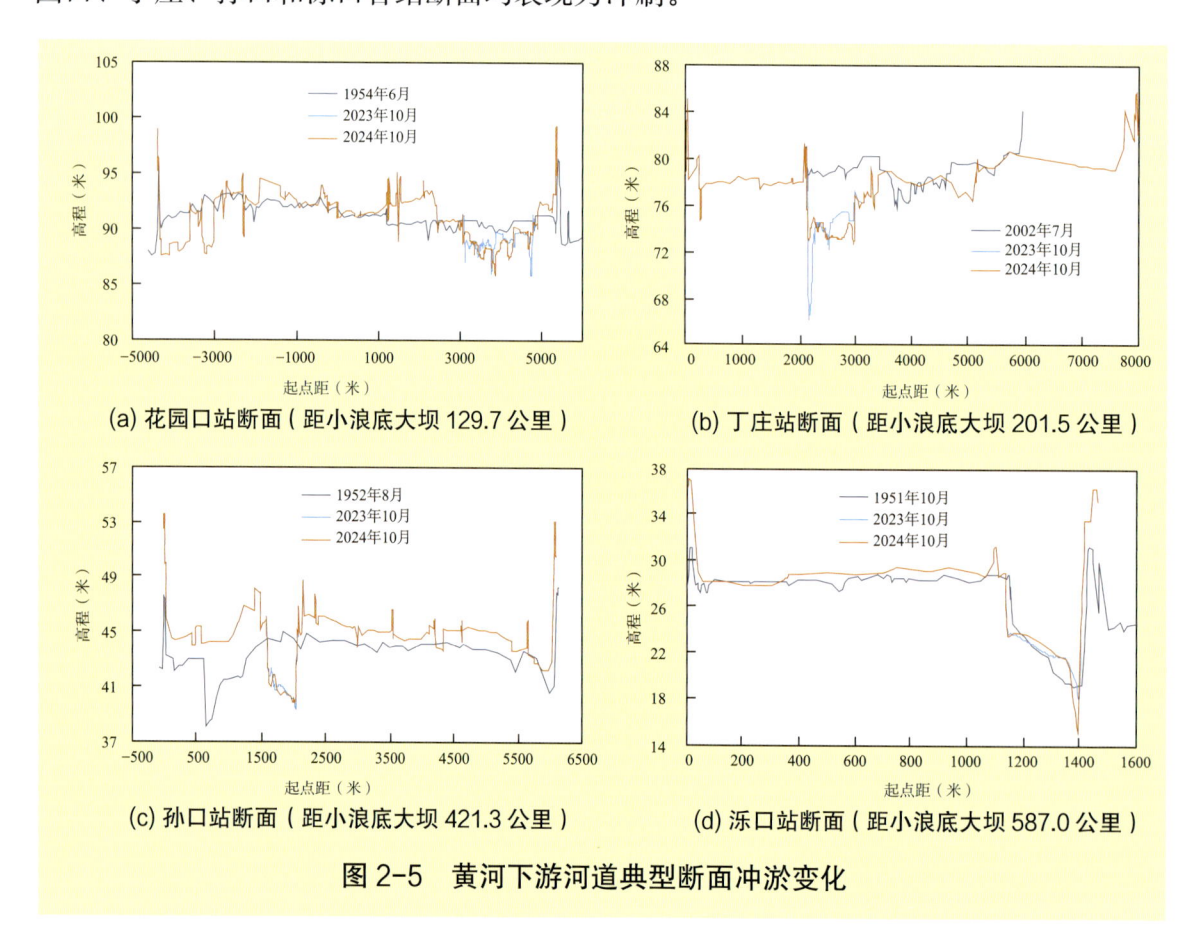

(a) 花园口站断面（距小浪底大坝 129.7 公里）

(b) 丁庄站断面（距小浪底大坝 201.5 公里）

(c) 孙口站断面（距小浪底大坝 421.3 公里）

(d) 泺口站断面（距小浪底大坝 587.0 公里）

图 2-5　黄河下游河道典型断面冲淤变化

3. 引水引沙

根据黄河下游99处引水口引水监测和80处引水口引沙监测统计，2024年黄河下游实测引水量95.31亿立方米，实测引沙量1987万吨。各河段实测引水量与引沙量见表2-5。

表2-5　2024年黄河下游各河段实测引水量与引沙量

河段	西霞院—花园口	花园口—夹河滩	夹河滩—高村	高村—孙口	孙口—艾山	艾山—泺口	泺口—利津	利津以下	合计
引水量（亿立方米）	4.281	9.467	13.86	8.952	10.29	17.14	26.04	5.280	95.31
引沙量（万吨）	4.77	100	346	148	251	485	588	64.4	1987

4. 平滩流量

2024年汛后，黄河下游河道平滩流量最小值为4600立方米/秒，位于利津以下河段麻湾、宋庄及前左等断面。下游各水文站平滩流量及相应水位见表2-6。

表2-6　2024年黄河下游各水文站平滩流量及相应水位

水文站	花园口	夹河滩	高村	孙口	艾山	泺口	利津
平滩流量（立方米/秒）汛后	7300	7300	6600	4950	4850	4900	4700
相应水位（米）	92.47	75.56	61.76	46.69	40.32	29.76	12.44

注　相应水位指滩唇高程对应的水位。

四、重要水库冲淤变化

（一）三门峡水库

1. 水库冲淤量

2024年度三门峡水库库区表现为淤积，总淤积量为0.179亿立方米。其中，黄河干流三门峡—潼关河段冲刷量为0.147亿立方米，小北干流河段淤积量为0.059亿立方米；支流渭河淤积量为0.117亿立方米，北洛河淤积量为0.150亿立方米。三门峡水库库区2024年度及多年累积冲淤量分布见表2-7。

表2-7　三门峡水库库区2024年度及多年累积冲淤量分布

单位：亿立方米

库段 \ 时段	1960年5月至2023年10月	2023年10月至2024年10月	1960年5月至2024年10月
黄淤1—黄淤41	+27.824	−0.147	+27.677
黄淤41—黄淤68	+21.492	+0.059	+21.551
渭拦4—渭淤37	+10.924	+0.117	+11.041
洛淤1—洛淤21	+2.914	+0.150	+3.064
合计	+63.154	+0.179	+63.333

注　1. "+"表示淤积，"−"表示冲刷。
　　2. 黄淤41断面即潼关断面，位于黄河、渭河交汇点下游，也是黄河由北向南转而东流之处；黄淤1—黄淤41断面即黄河三门峡—潼关河段；黄淤41—黄淤68断面即黄河小北干流河段；渭河冲淤断面自下而上分渭拦11、渭拦12、渭淤1—渭淤10和渭淤1—渭淤37断面两段布设，渭河冲淤计算从渭拦4断面开始；北洛河自下而上依次为洛淤1—洛淤21断面。

2. 潼关高程

潼关高程是指潼关水文站流量为1000立方米/秒时潼关（六）断面的相应水位。2024年潼关高程汛前为326.66米，汛后为326.52米，与上年度同期相比，汛前降低0.07米，汛后抬高0.24米；与2003年汛前和1969年汛后历史同期最高高程相比，分别降低0.94米和0.91米。

（二）小浪底水库

小浪底库区距坝65公里以上为峡谷段，河谷宽度多在500米以下；距坝65公里以下宽窄相间，河谷宽度多在1000米以上，最宽处约2800米。按此形态将库区划分为大坝—黄河20断面（距小浪底大坝33.5公里，下同）、黄河20—黄河38断面（64.8公里）和黄河38—黄河56断面（123.4公里）3个区段统计淤积量。

2024年小浪底水库水位（桐树岭站）变化主要集中在6—10月。1月至6月上旬日均库水位维持在251.5~264.3米，6月23日小浪底水库启动应急抗旱调度，库水位逐渐降至汛限水位235米以下。7月17—25日、7月25日至8月2日、8月9—18日小浪底水库开展了3次汛期调水调沙，8月16日日均水位最低降至220.1米，随后水位逐渐抬升，12月31日蓄水至266.7米。2024年小浪底水库瞬时最低库水位为219.98米（8月16日8时），瞬时最高库水位为267.42米（12月19日8时）。

1. 水库冲淤量

2023年10月至2024年10月，小浪底水库库区淤积量为1.165亿立方米，其中，干流淤积量为0.916亿立方米，大坝—黄河50断面（98.4公里）各断面间均表现为淤积，黄河50—黄河56断面均表现为冲刷；支流淤积量为0.249亿立方米，一级支流除亳清河有少量冲刷外，其他均表现为淤积，其中大峪河和畛水淤积量较大，分别为0.050亿立方米和0.060亿立方米。小浪底水库库区2024年度及多年累积冲淤量分布见表2-8。

表2-8 小浪底水库库区2024年度及多年累积冲淤量分布

单位：亿立方米

时段 库段	1997年10月至2023年10月	2023年10月至2024年10月 干流	支流	合计	1997年10月至2024年10月 总计	淤积量占比
大坝—黄河20	+21.929	+0.342	+0.210	+0.552	+22.481	63%
黄河20—黄河38	+11.274	+0.444	+0.039	+0.483	+11.757	33%
黄河38—黄河56	+1.245	+0.130	+0.000	+0.130	+1.375	4%
合计	+34.448	+0.916	+0.249	+1.165	+35.613	100%

注　"+"表示淤积，"-"表示冲刷。

2. 水库库容变化

2024年10月小浪底水库实测275米高程以下库容为91.971亿立方米，较2023年10月库容减小1.165亿立方米。小浪底水库库容曲线见图2-6。

3. 水库纵剖面和典型断面冲淤变化

小浪底水库深泓纵剖面变化见图2-7。2024年10月小浪底水库淤积三角洲顶点位于9断面（11.4公里），与2023年10月相比基本没有位移，顶点高程为217.52米，较2023年汛后下降1.70米。大坝—黄河9断面各断面深泓点高程均下降，其中黄河3断面（3.3公里）深泓点高程降幅最大，为5.03米。黄河9+5断面（12.8公里）至黄河49断面（94.0公里）间除黄河13断面（20.4公里）、黄河45断面（82.9公里）外，其他断面深泓点高程均抬高，其中黄河32断面（53.4公里）深泓点高程抬高幅度最大，达4.68米。

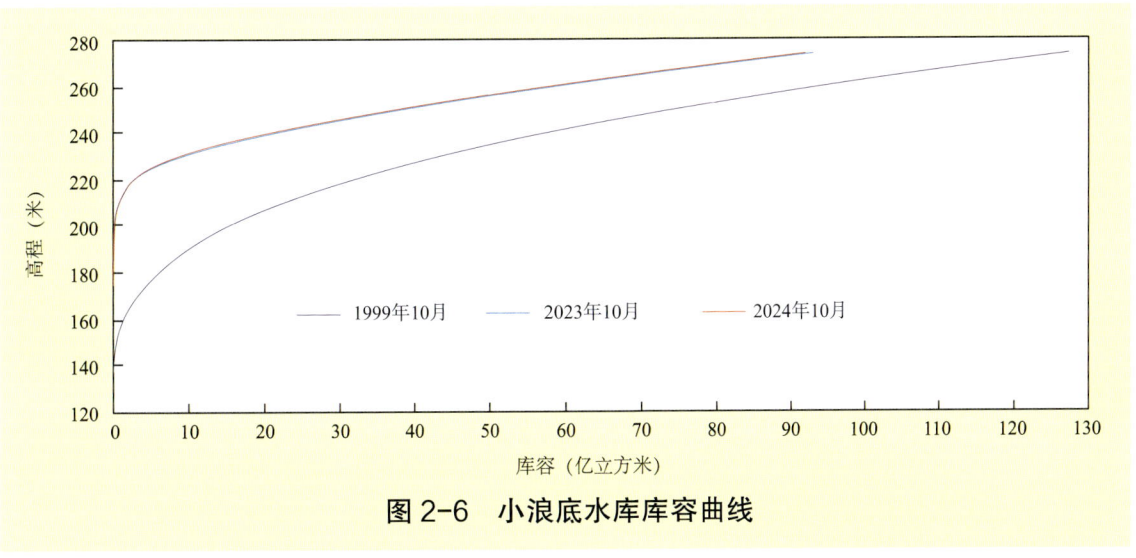

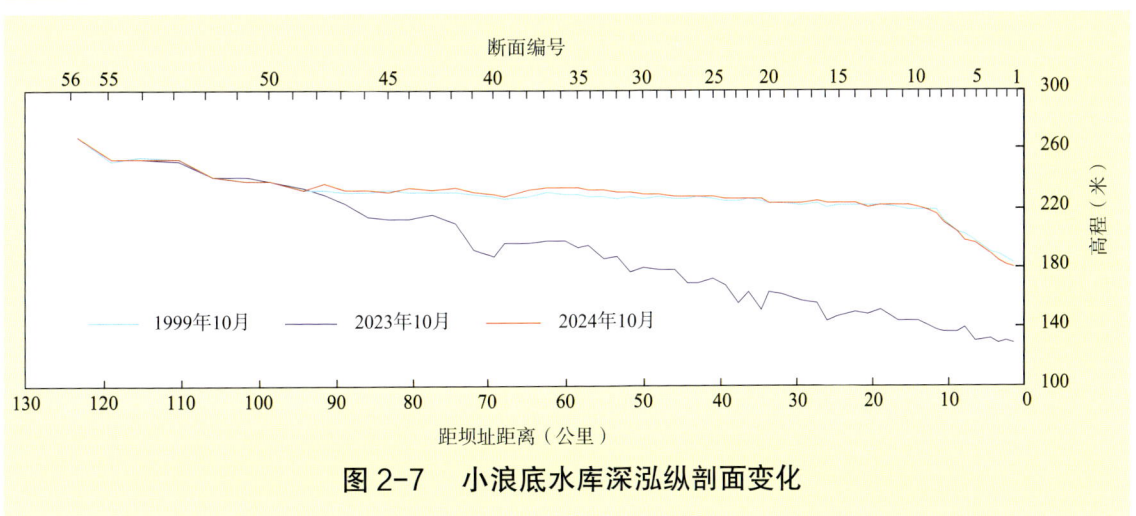

图 2-6　小浪底水库库容曲线

图 2-7　小浪底水库深泓纵剖面变化

根据 2024 年小浪底水库纵剖面和平面宽度的变化特点，选择黄河 5、黄河 23、黄河 39 和黄河 47 等 4 个典型断面说明库区冲淤变化情况，见图 2-8。与 2023 年 10 月相比，2024 年 10 月黄河 5 断面主槽略有冲刷，黄河 23 断面和黄河 47 断面主槽淤积，黄河 39 断面冲淤变化不大。

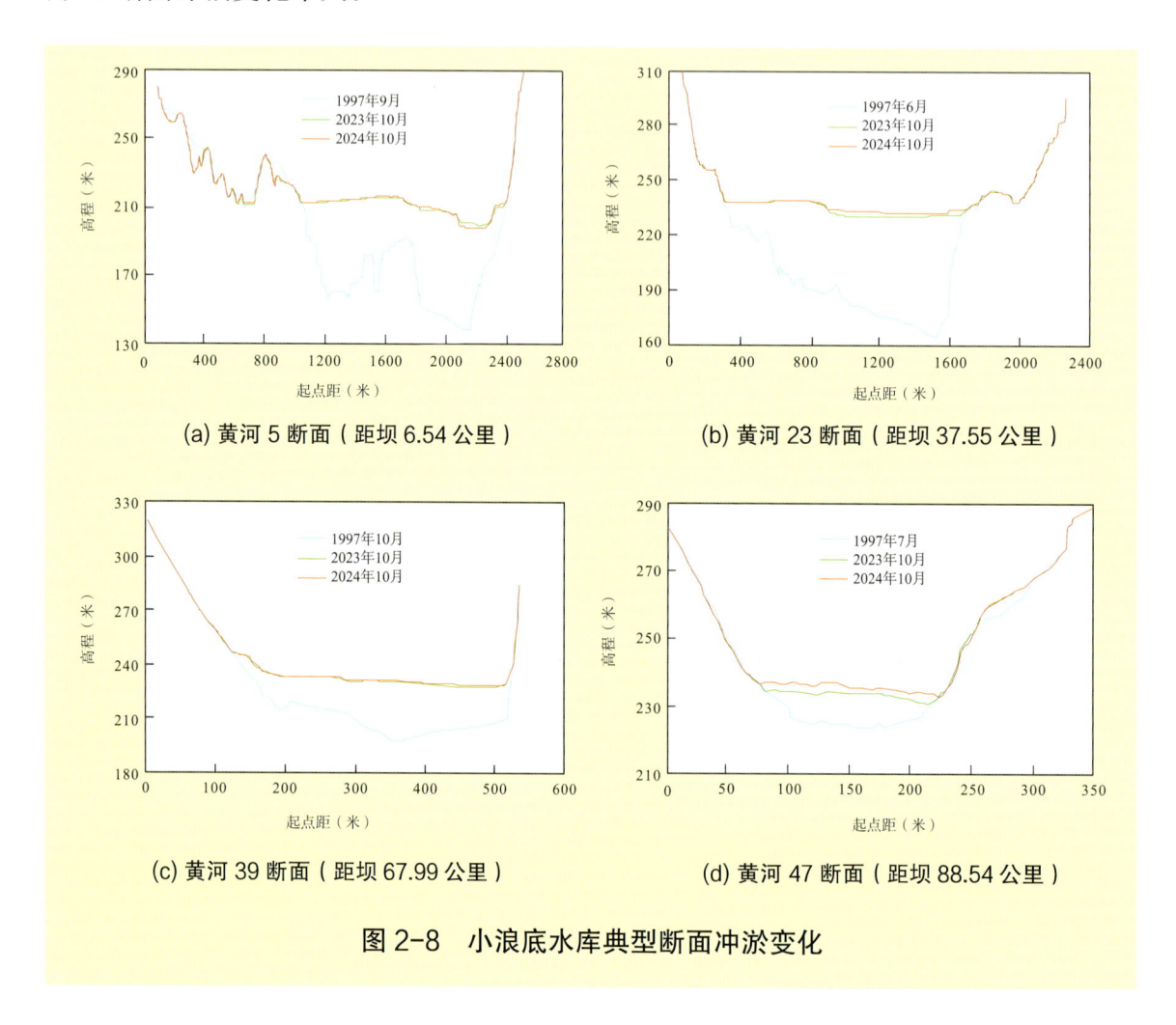

(a) 黄河 5 断面（距坝 6.54 公里）

(b) 黄河 23 断面（距坝 37.55 公里）

(c) 黄河 39 断面（距坝 67.99 公里）

(d) 黄河 47 断面（距坝 88.54 公里）

图 2-8 小浪底水库典型断面冲淤变化

4. 水库库区典型支流入汇河段冲淤变化

大峪河在大坝上游 4.2 公里处库区的左岸汇入黄河；畛水在大坝上游 17.2 公里处库区的右岸汇入黄河，是小浪底库区最大的一条支流。以大峪河和畛水作为小浪底水库库区典型支流。从图 2-9 可以看出，随着干流河底的不断淤积，大峪河 1 断面（距河口 120 米）1999 年 10 月至 2024 年 10 月淤积抬高 57.84 米，2024 年度大峪河 1 断面深泓点高程抬升 1.16 米，畛水 1 断面（距河口 200 米）1999 年 10 月至 2024 年 10 月淤积抬高 71.17 米，2024 年度畛水 1 断面深泓点高程抬升 1.96 米。

图 2-9　小浪底库区典型支流入汇段深泓纵剖面变化

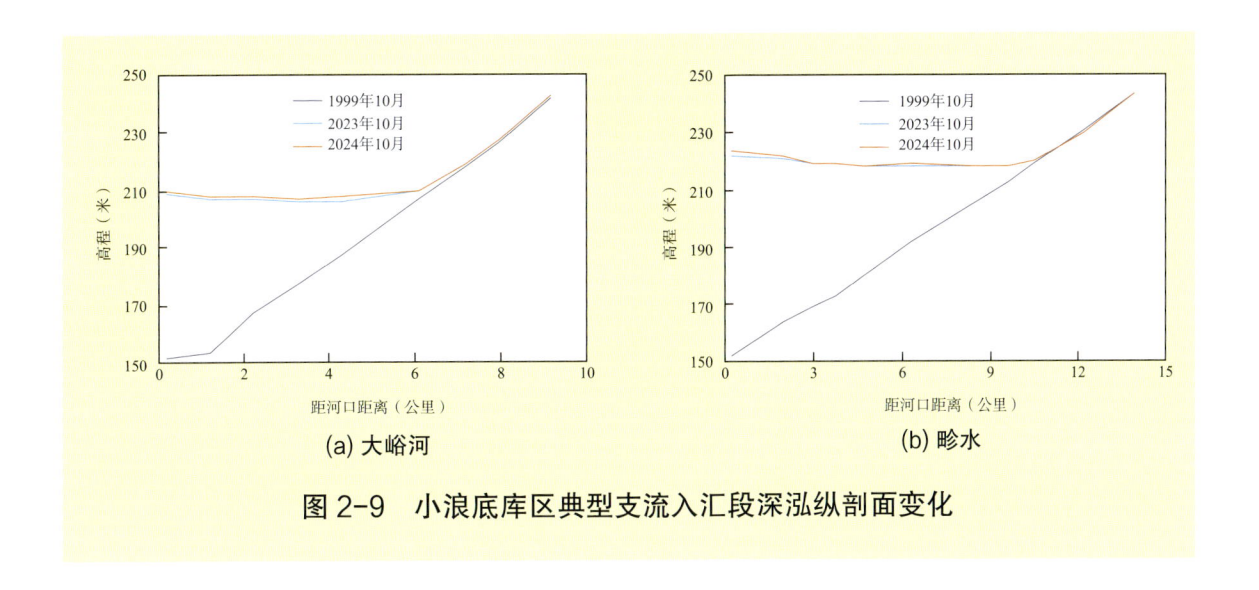

(a) 大峪河

(b) 畛水

五、重要泥沙事件

（一）黄河古贤水利枢纽工程开工建设

2024年7月9日，黄河古贤水利枢纽工程建设动员大会在工程坝址举行，标志着古贤水利枢纽工程正式进入建设阶段。古贤水利枢纽工程是黄河历次重要规划确定的干流七大控制性骨干工程之一，是黄河水沙调控体系的重要组成部分和国家水网的重要结点工程。工程位于黄河北干流下段，下距壶口瀑布10.1公里，工程控制了65%的黄河流域面积、73%的水量、60%的沙量和80%的粗泥沙量。工程总库容为133.0亿立方米，开发任务以防洪减淤、水资源调蓄为主，兼顾供水、灌溉和发电等综合利用，并为下游补水和增加河道外用水创造条件。工程建成后与小浪底水库联合运用，将进一步完善黄河流域防洪工程体系和水沙调控体系，对维持下游中水河槽过流能力，保持稳定的河道形态，提高黄河流域防洪减灾和水资源调控能力起到重要作用。

（二）黄河水库联合调度实施汛期调水调沙

2024年7月17日至8月18日，针对7—8月泾渭河、北洛河、山陕区间和大汶河洪水过程，黄河水利委员会以小浪底水库为中心，联合调度三门峡、陆浑、故县水库、东平湖老湖等水工程，实施了3次汛期调水调沙。期间，潼关来沙量1.016亿吨；三门峡水库累计下泄水量35.65亿立方米，出库最大含沙量360千克/立方米，排沙2.578亿吨，库区净冲刷1.562亿吨；小浪底水库累计下泄水量45.13亿立方米，出库最大含沙量229千克/立方米，排沙2.050亿吨，排沙比为81%，库区淤积0.488亿吨，下游利津入海水量57.14亿立方米，入海泥沙0.808亿吨。

（三）高含沙监测关键技术取得突破

为解决高含沙河流泥沙在线监测难题，黄河水文创新团队研发了超大量程HHSW·NUG-1型光电测沙仪，于8月9日在泾河支流马莲河洪德水文控制站监测到了938千克/立方米含沙量。

2024年8月13日黄河小浪底水利枢纽调水调沙 （林渊 摄）

淮河蚌埠河段

第三章　淮河

一、概述

2024年淮河流域主要水文控制站实测径流量与多年平均值比较，息县站偏小30%，其他站偏大5%~113%；与上年度比较，息县站减小34%，其他站增大17%~182%。

2024年淮河流域主要水文控制站实测输沙量与多年平均值比较，蒙城站偏大数倍，其他站偏小10%~96%；与上年度比较，息县站和鲁台子站分别减小88%和25%，蚌埠站增大108%，其他站增大数倍。

2024年鲁台子站和临沂站断面基本稳定，蚌埠站施测断面下移870m。

二、径流量与输沙量

（一）2024年实测水沙特征值

2024年淮河流域主要水文控制站实测水沙特征值与多年平均值及2023年值的比较见表3-1和图3-1。

2024年实测径流量与多年平均值比较，鲁台子、蚌埠、蒋家集、阜阳、蒙城和临沂各站分别偏大5%、9%、36%、17%、74%和113%，息县站偏小30%；与上年度比较，鲁台子、蚌埠、蒋家集、阜阳、蒙城和临沂各站分别增大28%、41%、138%、17%、74%和182%，息县站减小34%。

2024年实测输沙量与多年平均值比较，蒙城站偏大2.33倍，息县、鲁台子、蚌埠、蒋家集、阜阳和临沂各站分别偏小96%、72%、53%、28%、73%和10%；与上年度

表 3-1 淮河流域主要水文控制站实测水沙特征值对比

河流	淮河	淮河	淮河	史河	颍河	涡河	沂河
水文控制站	息县	鲁台子	蚌埠	蒋家集	阜阳	蒙城	临沂
控制流域面积（万平方公里）	1.02	8.86	12.13	0.59	3.52	1.55	1.03
年径流量（亿立方米）多年平均	35.91 (1951—2020年)	214.1 (1950—2020年)	261.7 (1950—2020年)	20.18 (1951—2020年)	43.01 (1951—2020年)	12.68 (1960—2020年)	20.28 (1951—2020年)
年径流量 近10年平均	31.39	214.5	265.5	25.07	33.94	10.85	19.94
年径流量 2023年	37.96	176.1	201.5	11.53	43.27	12.63	15.29
年径流量 2024年	25.04	225.2	284.2	27.49	50.53	22.00	43.15
年输沙量（万吨）多年平均	191 (1959—2020年)	726 (1950—2020年)	808 (1950—2020年)	54.8 (1958—2020年)	240 (1951—2020年)	12.6 (1982—2020年)	189 (1954—2020年)
年输沙量 近10年平均	58.1	280	364	27.1	47.0	7.92	59.8
年输沙量 2023年	69.4	275	184	2.88	19.4	2.28	6.46
年输沙量 2024年	8.40	206	382	39.6	64.6	41.9	170
年平均含沙量（千克/立方米）多年平均	0.532 (1959—2020年)	0.339 (1950—2020年)	0.309 (1950—2020年)	0.301 (1958—2020年)	0.558 (1951—2020年)	0.125 (1982—2020年)	0.932 (1954—2020年)
年平均含沙量 2023年	0.183	0.156	0.091	0.025	0.045	0.018	0.042
年平均含沙量 2024年	0.034	0.091	0.134	0.144	0.128	0.190	0.394
输沙模数[吨/(年·平方公里)] 多年平均	187 (1959—2020年)	81.9 (1950—2020年)	66.6 (1950—2020年)	92.9 (1958—2020年)	68.2 (1951—2020年)	8.13 (1982—2020年)	183 (1954—2020年)
输沙模数 2023年	68.1	31.0	15.2	4.86	5.50	1.47	6.26
输沙模数 2024年	8.24	23.3	31.5	67.1	18.4	27.0	165

(a) 实测年径流量

(b) 实测年输沙量

图 3-1 淮河流域主要水文控制站实测水沙特征值对比

比较，蚌埠站增大108%，蒋家集、阜阳、蒙城和临沂各站分别增大12.8倍、2.33倍、17.4倍和25.3倍，息县站和鲁台子站分别减小88%和25%。

（二）径流量与输沙量年内变化

2024年淮河流域主要水文控制站逐月径流量与输沙量变化见图3-2。2024年淮河流域息县、鲁台子、蚌埠、蒋家集、阜阳、蒙城和临沂各站径流量、输沙量主要集中在7月，分别占全年的37%~74%和78%~100%。

（三）洪水泥沙

2024年淮河流域共发生5次编号洪水，其中干流第1号洪水和沂沭泗水系沂河第1号和第2号洪水的输沙量较大。干流第1号洪水蚌埠站洪峰流量和最大含沙量分别为8620立方米/秒和0.444千克/立方米；沂河第1号洪水临沂站洪峰流量和最大含沙量分别为6240立方米/秒和2.48千克/立方米；沂河第2号洪水临沂站洪峰流量和最大含沙量分别为5070立方米/秒和0.895千克/立方米。淮河流域洪水泥沙特征值见表3-2。

表3-2　2024年淮河流域洪水泥沙特征值

河流	洪水编号	水文站	洪水起止时间（月.日）	洪水径流量（亿立方米）	洪水输沙量（万吨）	洪峰流量 流量（立方米/秒）	洪峰流量 发生时间（月.日时：分）	最大含沙量 含沙量（千克/立方米）	最大含沙量 发生时间（月.日时：分）
淮河	1	蚌埠	7.8—7.24	74.75	207	8620	7.21 13:12	0.444	7.16 12:24
沂河	1	临沂	7.5—7.8	6.114	75.3	6240	7.7 21:44	2.48	7.7 21:22
沂河	2	临沂	7.8—7.12	6.369	28.7	5070	7.9 11:40	0.895	7.9 11:22

三、典型断面冲淤变化

（一）淮河干流鲁台子水文站断面

鲁台子站断面冲淤变化见图3-3。在2000年退堤整治后，鲁台子站断面右边岸滩大幅拓宽。与上年度相比，2024年断面基本稳定，冲淤变化不大。

（二）淮河干流蚌埠水文站断面

蚌埠站断面冲淤变化见图3-4。2024年蚌埠站断面受淮河大桥建设工程的影响，原有断面被桥墩侵占，无法施测，施测断面下移870米。

（三）沂河临沂水文站断面

临沂站断面冲淤变化见图3-5。2021—2023年受临沂市沂河路沂河大桥改造工程的影响，临沂站断面起点距从1442米右延约64.6米。与上年度相比，2024年断面基本稳定，冲淤变化不大。

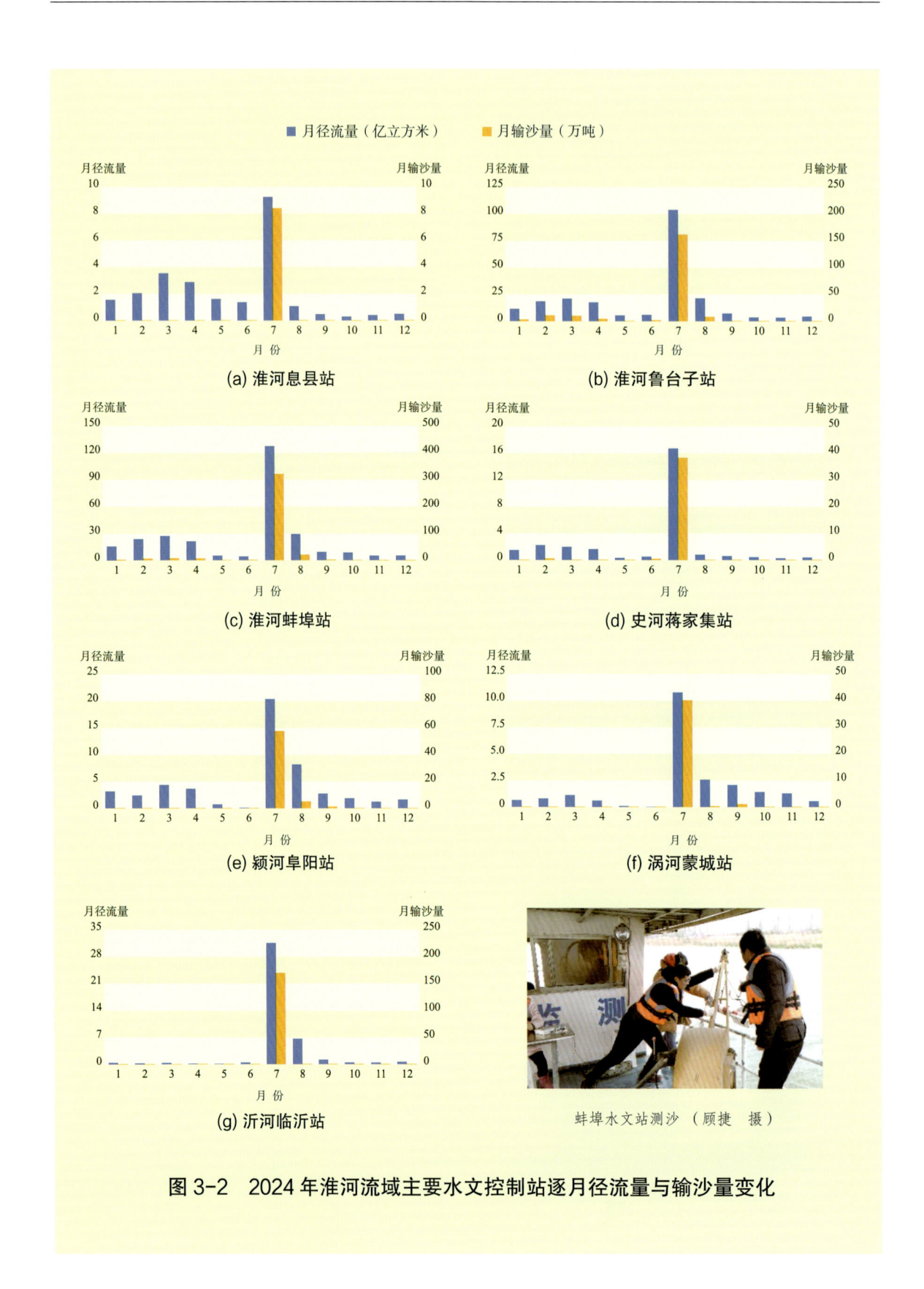

图 3-2 2024 年淮河流域主要水文控制站逐月径流量与输沙量变化

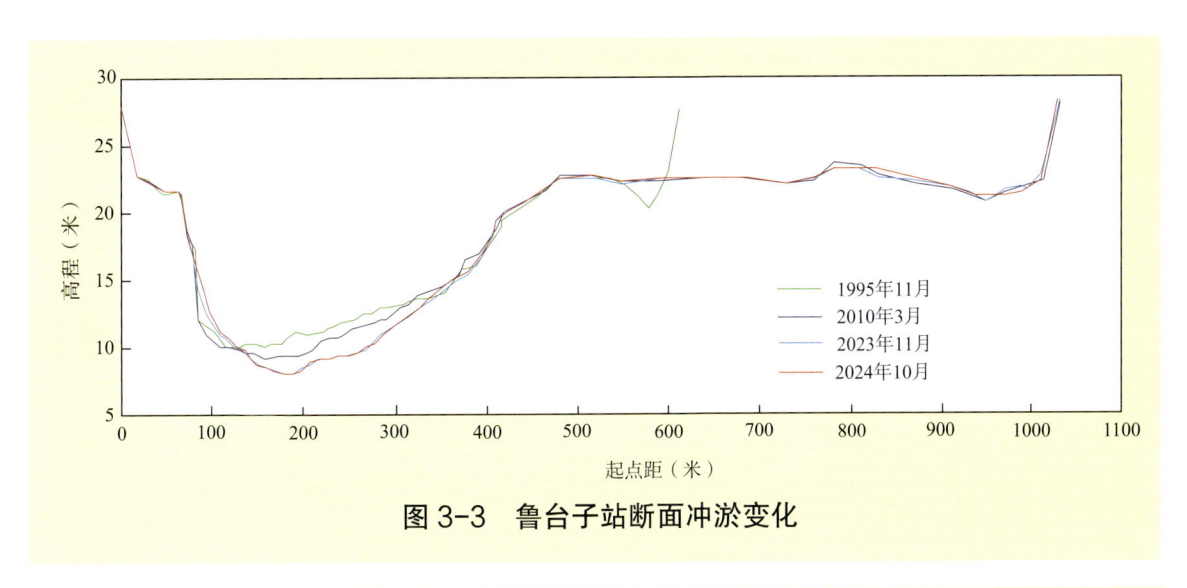

图 3-3 鲁台子站断面冲淤变化

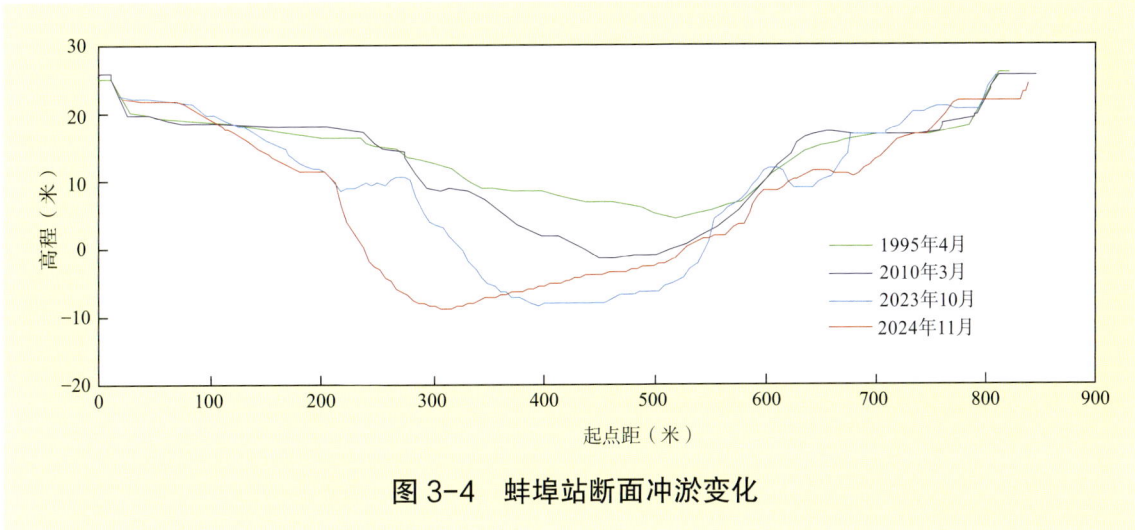

图 3-4 蚌埠站断面冲淤变化

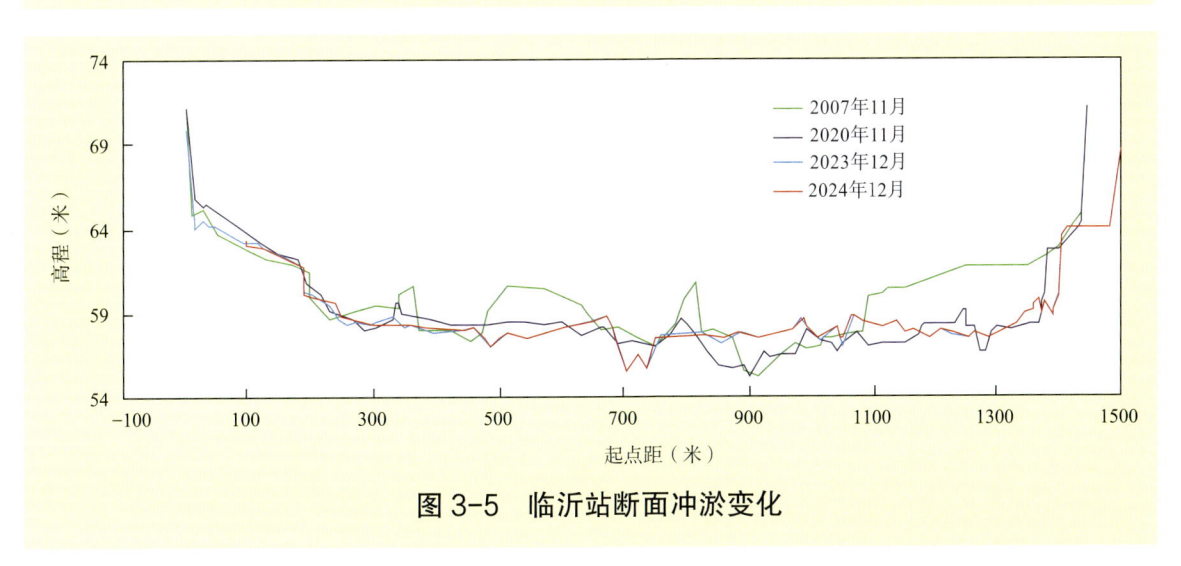

图 3-5 临沂站断面冲淤变化

白洋淀（吴昱桦 摄）

第四章 海河

一、概述

2024年海河流域主要水文控制站实测径流量与多年平均值比较，滦县、下会、张家坟、海河闸、阜平和元村集各站偏大5%~44%，其他站偏小13%~77%；与上年度比较，响水堡、张家坟和海河闸各站增大56%~151%，滦县站和下会站增大数倍，其他站减小8%~80%。

2024年海河流域主要水文控制站实测输沙量与多年平均值比较，各站偏小24%~100%；与上年度比较，张家坟站增大数倍，响水堡站和海河闸站2023年和2024年输沙量近似为0，滦县站和下会站2023年输沙量近似为0，其他站减小60%~100%。

受汛期洪水影响，2024年滦县站断面冲刷，最大冲刷深度为1.35米。

2024年河北省实施引黄入冀补水，入冀水量为6.466亿立方米，挟带泥沙总量为14.55万吨。

二、径流量与输沙量

（一）2024年实测水沙特征值

2024年海河流域主要水文控制站实测水沙特征值与多年平均值及2023年值的比较见表4-1和图4-1。

2024年实测径流量与多年平均值比较，滦县、下会、张家坟、海河闸、阜平和元村集各站分别偏大14%、33%、5%、23%、44%和14%，石匣里、响水堡、雁翅、小觉和观台各站分别偏小29%、65%、13%、68%和77%；与上年度比较，响水堡、张家坟和海河闸各站分别增大151%、56%和141%，滦县站和下会站分别增大3.28倍和5.07倍，石匣里、雁翅、阜平、小觉、观台和元村集各站分别减小8%、31%、45%、54%、80%和41%。

表4-1 海河流域主要水文控制站实测水沙特征值对比

河流		桑干河	洋河	永定河	滦河	潮河	白河	海河	沙河	滹沱河	漳河	卫河
水文控制站		石匣里	响水堡	雁翅	滦县	下会	张家坟	海河闸	阜平	小觉	观台	元村集
控制流域面积（万平方公里）		2.36	1.45	4.37	4.41	0.53	0.85		0.22	1.40	1.78	1.43
年径流量（亿立方米）	多年平均	4.009 (1952—2020年)	2.938 (1952—2020年)	5.224 (1963—2020年)	29.12 (1950—2020年)	2.294 (1961—2020年)	4.695 (1954—2020年)	7.598 (1960—2020年)	2.419 (1959—2020年)	5.624 (1956—2020年)	8.197 (1951—2020年)	14.38 (1951—2020年)
	近10年平均	2.122	0.4465	2.877	17.98	1.831	3.252	5.133	3.083	2.239	5.968	15.10
	2023年	3.111	0.4132	6.590	7.762	0.5038	3.164	3.878	6.353	3.918	9.468	27.86
	2024年	2.851	1.037	4.533	33.20	3.060	4.945	9.345	3.472	1.792	1.913	16.40
年输沙量（万吨）	多年平均	776 (1952—2020年)	531 (1952—2020年)	10.1 (1963—2020年)	785 (1950—2020年)	67.8 (1961—2020年)	108 (1954—2020年)	6.02 (1960—2020年)	44.3 (1959—2020年)	578 (1956—2020年)	681 (1951—2020年)	198 (1951—2020年)
	近10年平均	5.75	0.000	3.08	4.52	3.67	10.8	0.013	93.3	31.2	142	20.4
	2023年	3.56	0.000	30.1	0.000	0.000	16.0	0.000	540	102	229	45.5
	2024年	1.42	0.000	0.000	52.2	6.38	56.3	0.000	33.8	4.44	0.000	12.6
年平均含沙量（千克/立方米）	多年平均	19.4 (1952—2020年)	18.1 (1952—2020年)	0.192 (1963—2020年)	2.70 (1950—2020年)	2.96 (1961—2020年)	2.30 (1954—2020年)	0.079 (1960—2020年)	1.83 (1959—2020年)	10.3 (1956—2020年)	8.31 (1951—2020年)	1.38 (1951—2020年)
	2023年	0.114	0.000	0.457	0.000	0.000	0.506	0.000	8.50	2.60	2.42	0.163
	2024年	0.050	0.000	0.000	0.157	0.209	1.14	0.000	0.973	0.247	0.000	0.077
年平均中数粒径（毫米）	多年平均	0.029 (1961—2020年)	0.027 (1962—2020年)		0.028 (1961—2020年)				0.031 (1965—2020年)	0.029 (1965—2020年)	0.021 (1965—2020年)	
	2023年	0.018							0.018	0.016	0.010	
	2024年	0.006							0.020	0.011		
输沙模数[吨/(年·平方公里)]	多年平均	329 (1952—2020年)	366 (1952—2020年)	2.30 (1963—2020年)	178 (1950—2020年)	128 (1961—2020年)	127 (1954—2020年)		200 (1959—2020年)	413 (1956—2020年)	383 (1951—2020年)	138 (1951—2020年)
	2023年	1.51	0.000	6.89	0.000	0.000	18.8		2450	72.9	129	31.8
	2024年	0.602	0.000	0.000	11.8	12.0	66.2		154	3.17	0.000	8.81

(a) 实测年径流量

(b) 实测年输沙量

图 4-1　海河流域主要水文控制站实测水沙特征值对比

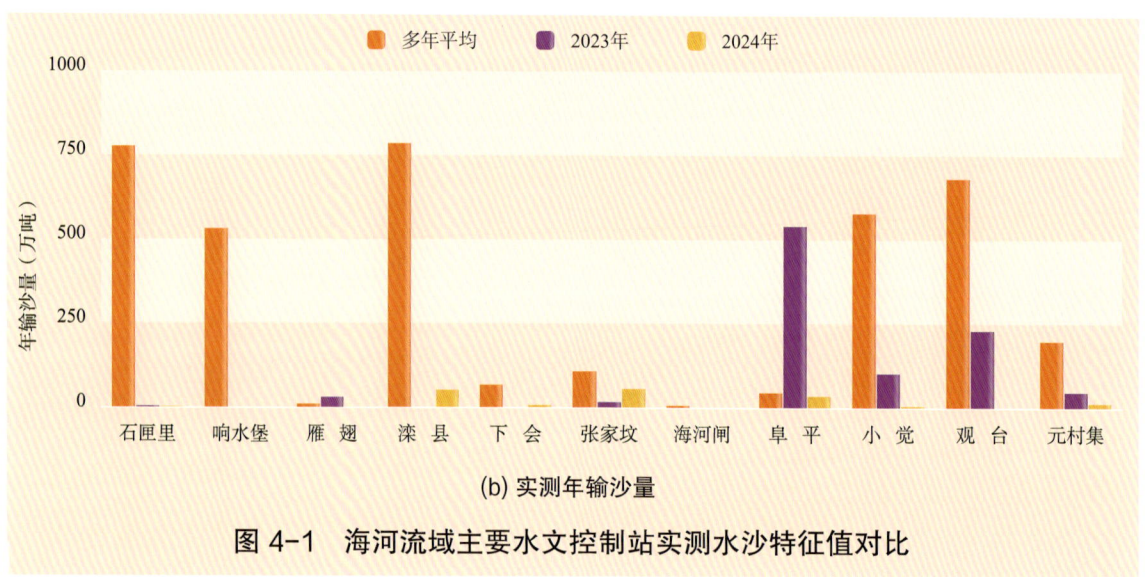

2024 年实测输沙量与多年平均值比较，石匣里、响水堡、雁翅、海河闸、小觉和观台各站均偏小近 100%，滦县、下会、张家坟、阜平和元村集各站分别偏小 93%、91%、48%、24% 和 94%；与上年度比较，张家坟站增大 2.52 倍，雁翅站和观台站均减小 100%，石匣里、阜平、小觉和元村集各站分别减小 60%、94%、96% 和 72%，响水堡站和海河闸站 2023 年和 2024 年输沙量近似为 0，滦县站和下会站 2023 年输沙量近似为 0。

（二）径流量与输沙量年内变化

2024 年海河流域主要水文控制站逐月径流量与输沙量变化见图 4-2。2024 年海河流域石匣里站除 1—2 月和 6—7 月之外，其他月份径流量分布比较均匀；雁翅站和元村集站各月份径流量分布比较均匀；观台站径流量主要集中在1—5月，占全年的75%；小觉站径流量主要集中在5—9月，占全年的71%；响水堡站径流量主要集中在9—11月，占全年的84%；其他站径流量主要集中在8—10月，占全年的66%~79%；响水堡、雁翅、海河闸、观台各站年输沙量近似为0，其他各站年输沙量全部都集中在6—10月。

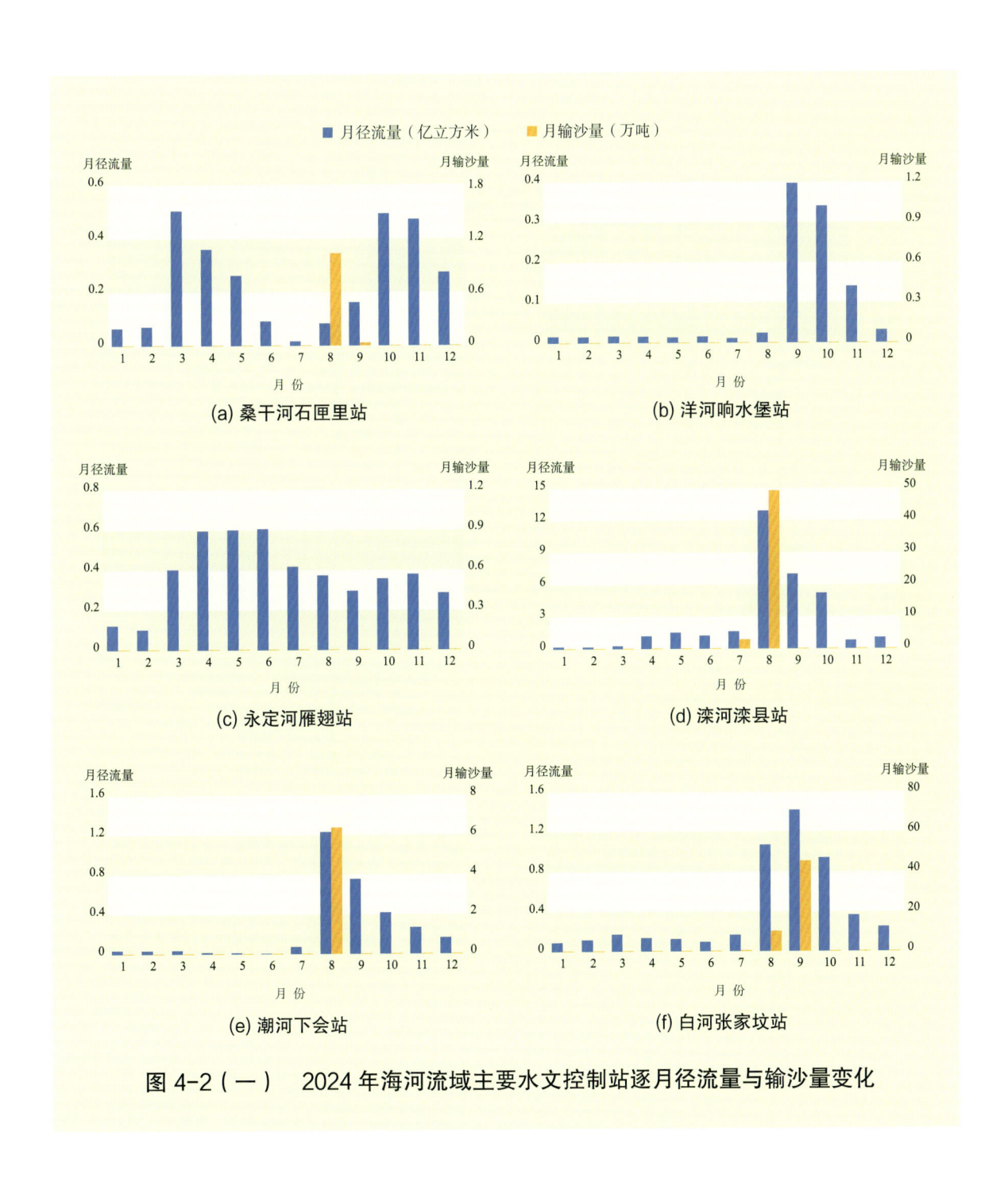

(a) 桑干河石匣里站

(b) 洋河响水堡站

(c) 永定河雁翅站

(d) 滦河滦县站

(e) 潮河下会站

(f) 白河张家坟站

图4-2（一） 2024年海河流域主要水文控制站逐月径流量与输沙量变化

图 4-2（二）　2024 年海河流域主要水文控制站逐月径流量与输沙量变化

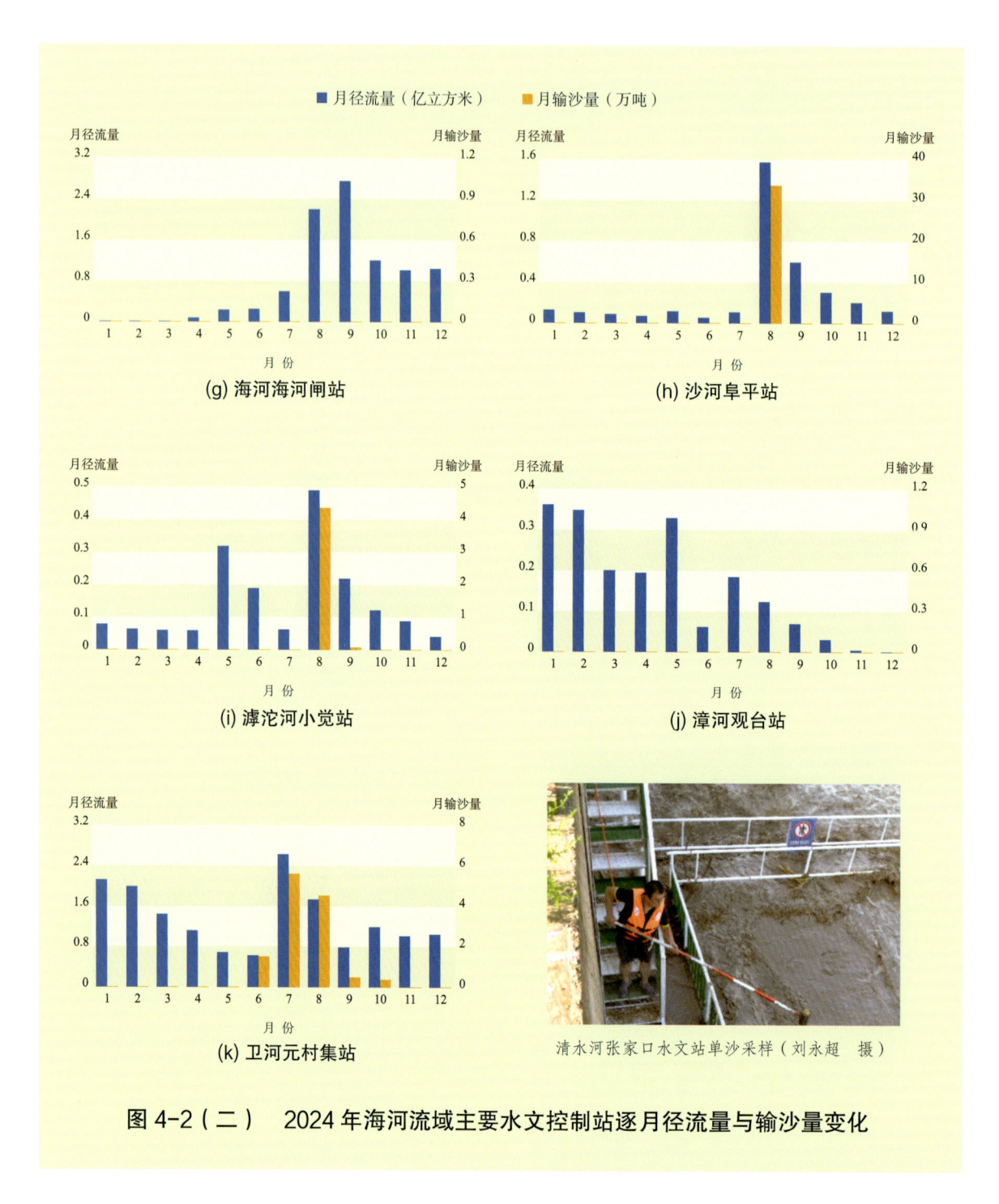

（三）引黄入冀调水

2024 年河北省实施引黄入冀补水，渠首引水共计 7.703 亿立方米，入冀水量为 6.466 亿立方米，挟带泥沙总量为 14.55 万吨。其中，2024 年 2—7 月和 12 月通过引黄入冀渠村线路向沿线农业供水及白洋淀生态补水，水量为 2.864 亿立方米，泥沙量为 5.01

万吨；2—5月和12月通过引黄入冀位山线路实施衡水湖及邢台市、衡水市农业补水，水量为1.821亿立方米，泥沙量为4.33万吨；2—7月和10—11月通过引黄入冀潘庄线路向衡水市、沧州市补水，水量为1.781亿立方米，泥沙量为5.21万吨。

三、典型断面冲淤变化

（一）滦河滦县水文站断面

滦县站断面冲淤变化见图4-3。2024年滦县站汛期仅发生一次较大洪水过程，洪峰流量为8月21日1490立方米/秒，最高洪水位为24.24米（大沽基面），最大冲刷深度1.35米。

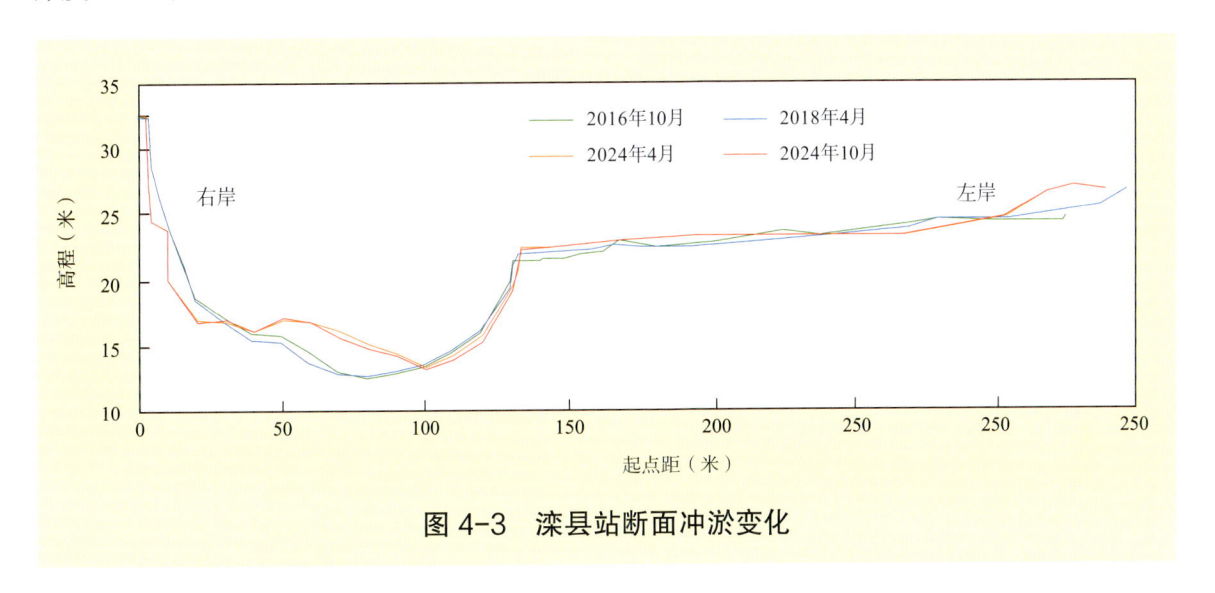

图4-3 滦县站断面冲淤变化

中国第一滩——广东电白澳内海（池光胜 摄）

第五章 珠江

一、概述

2024年珠江流域主要水文控制站实测径流量与多年平均值比较，小龙潭、大渡口和迁江各站偏小10%~65%，其他站偏大12%~59%；与上年度比较，大渡口站基本持平，柳州站增大数倍，其他站增大9%~117%。

2024年珠江流域主要水文控制站实测输沙量与多年平均值比较，柳州、平乐、石角、潮安和龙塘各站偏大14%~143%，其他站偏小6%~95%；与上年度比较，大渡口站减小44%，小龙潭站增大37%，其他站增大数倍。

2024年梧州站断面基本稳定；石角站断面主槽有冲有淤，最大下切深度1.5米，最大淤积幅度2.1米。

2024年重要泥沙事件为北江、韩江多发洪水致使河道输沙量增加。

二、径流量与输沙量

（一）2024年实测水沙特征值

2024年珠江流域主要水文控制站实测水沙特征值与多年平均值及2023年值的比较见表5-1和图5-1。

2024年实测径流量与多年平均值比较，柳州、南宁、大湟江口、平乐、梧州、高要、石角、博罗、潮安和龙塘各站分别偏大22%、32%、12%、48%、14%、13%、43%、49%、38%和59%，小龙潭、大渡口和迁江各站分别偏小65%、45%和10%；与上年度比较，大渡口站基本持平，柳州站增大2.23倍，小龙潭、迁江、南宁、大湟江口、平乐、梧州、高要、石角、博罗、潮安和龙塘各站分别增大9%、79%、117%、117%、112%、104%、96%、69%、110%、75%和54%。

48

2024年实测输沙量与多年平均值比较，柳州、平乐、石角、潮安和龙塘各站分别偏大25%、14%、54%、25%和143%，小龙潭、大渡口、迁江、南宁、大湟江口、梧州、高要和博罗各站分别偏小80%、94%、95%、34%、57%、63%、52%和6%；与上年度比较，大渡口站减小44%，小龙潭站增大37%，迁江、柳州、南宁、大湟江口、平乐、梧州、高要、石角、博罗、潮安和龙塘各站分别偏大3.10倍、126倍、6.02倍、13.1倍、3.61倍、7.68倍、4.68倍、2.62倍、3.51倍、4.50倍和8.91倍。

（二）径流量与输沙量年内变化

2024年珠江流域主要水文控制站逐月径流量与输沙量变化见图5-2。2024年珠江流域迁江、柳州、大湟江口、梧州、高要、石角、博罗和潮安各站径流量、输沙量主要集中在4—9月，分别占全年的67%~87%和97%~100%；平乐站3—8月的径流量和输沙量分别占全年的86%和100%；大渡口站和南宁站径流量、输沙量主要集中在

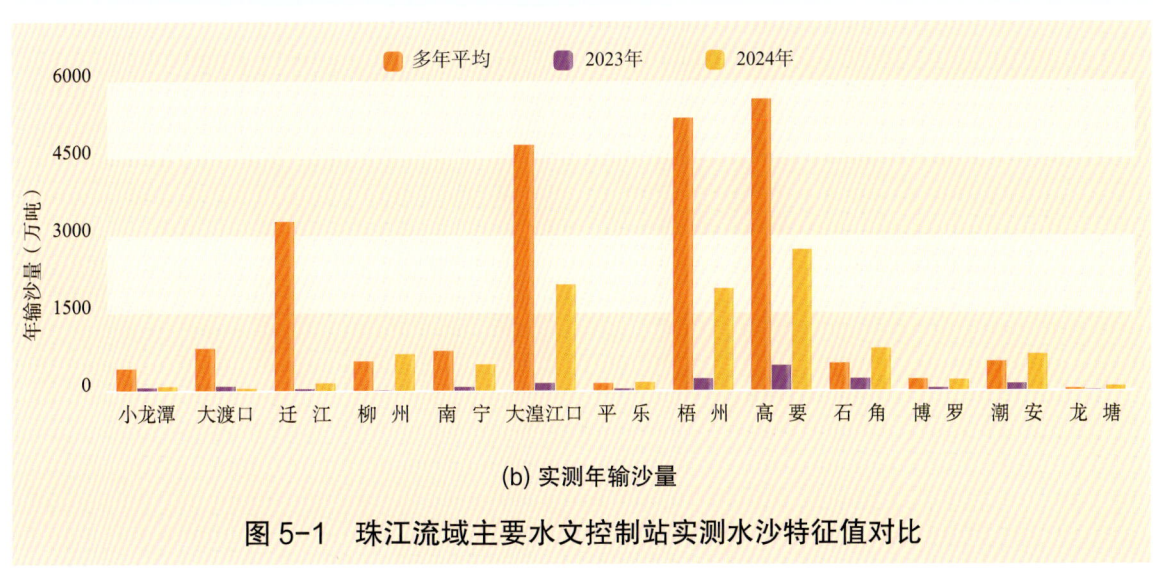

图5-1 珠江流域主要水文控制站实测水沙特征值对比

表 5-1 珠江流域主要水文控制站实测水沙特征值对比

河流		南盘江	北盘江	红水河	柳江	郁江	浔江	桂江	西江	西江	北江	东江	韩江	南渡江
水文控制站		小龙潭	大渡口	迁江	柳州	南宁	大湟江口	平乐	梧州	高要	石角	博罗	潮安	龙塘
控制流域面积 （万平方公里）		1.54	0.85	12.89	4.54	7.27	28.85	1.22	32.70	35.15	3.84	2.53	2.91	0.68
年径流量 （亿立方米）	多年平均	35.36 (1953—2020年)	35.33 (1963—2020年)	646.9 (1954—2020年)	398.7 (1954—2020年)	368.2 (1954—2020年)	1706 (1954—2020年)	129.4 (1955—2020年)	2028 (1954—2020年)	2186 (1957—2020年)	417.8 (1954—2020年)	232.0 (1954—2020年)	245.5 (1955—2020年)	56.38 (1956—2020年)
	近10年平均	23.51	29.28	599.6	432.9	352.4	1700	160.9	2041	2192	433.1	217.7	229.4	54.51
	2023年	11.38	18.67	325.6	150.0	223.5	877.7	89.91	1131	1266	352.2	165.0	193.5	58.03
	2024年	12.36	19.57	581.3	484.5	484.7	1907	190.7	2310	2479	596.6	345.8	338.5	89.49
年输沙量 （万吨）	多年平均	427 (1964—2020年)	822 (1965—2020年)	3280 (1954—2020年)	570 (1955—2020年)	770 (1954—2020年)	4760 (1954—2020年)	139 (1955—2020年)	5280 (1954—2020年)	5650 (1957—2020年)	525 (1954—2020年)	217 (1954—2020年)	557 (1955—2020年)	33.0 (1956—2020年)
	近10年平均	178	160	117	1060	220	1470	138	1530	1880	439	97.2	227	24.5
	2023年	61.5	87.7	36.1	5.58	72.7	145	34.3	227	481	224	45.2	127	8.10
	2024年	84.1	49.0	148	710	510	2050	158	1970	2730	810	204	698	80.3
年平均含沙量 （千克/立方米）	多年平均	1.21 (1964—2020年)	2.34 (1965—2020年)	0.507 (1954—2020年)	0.145 (1955—2020年)	0.209 (1954—2020年)	0.279 (1954—2020年)	0.108 (1955—2020年)	0.260 (1954—2020年)	0.258 (1957—2020年)	0.127 (1954—2020年)	0.094 (1954—2020年)	0.227 (1955—2020年)	0.058 (1956—2020年)
	2023年	0.540	0.470	0.011	0.004	0.033	0.017	0.038	0.020	0.038	0.063	0.027	0.065	0.014
	2024年	0.680	0.250	0.025	0.147	0.105	0.107	0.083	0.085	0.110	0.136	0.059	0.206	0.090
输沙模数 [吨/(年·平方公里)]	多年平均	277 (1964—2020年)	970 (1965—2020年)	254 (1954—2020年)	126 (1955—2020年)	106 (1954—2020年)	165 (1954—2020年)	114 (1955—2020年)	161 (1954—2020年)	161 (1957—2020年)	137 (1954—2020年)	85.9 (1954—2020年)	191 (1955—2020年)	48.6 (1956—2020年)
	2023年	39.9	103	2.80	1.23	10.0	5.03	28.1	6.94	13.7	58.3	17.9	43.6	11.9
	2024年	54.6	58.0	11.5	156	70.2	71.1	130	60.2	77.7	211	80.6	240	118

注　大渡口站泥沙数据1966年、1968年、1970年、1971年、1975年、1984—1986年缺测或部分月缺测。

5—10月，径流量分别占全年的73%和88%，输沙量分别占全年的91%和98%；小龙潭站和龙塘站径流量、输沙量主要集中在6—11月和7—12月，径流量分别占全年的81%和82%，输沙量分别占全年的99%和98%。

（三）洪水泥沙

2024年珠江流域共发生13次编号洪水。其中，西江发生4次编号洪水，第2号洪水洪峰流量和第4号洪水含沙量最大，梧州站对应的洪峰流量和最大含沙量分别为41100立方米/秒和0.454千克/立方米；北江发生2次编号洪水，第2号洪水石角站洪峰流量和最大含沙量分别为18500立方米/秒和0.849千克/立方米；东江发生1次编号洪水，博罗站洪峰流量和最大含沙量分别为7350立方米/秒和0.528千克/立方米；韩江发生6次编号洪水，第4号洪水潮安站洪峰流量和最大含沙量分别为11600立方米/秒和3.81千克/立方米。珠江流域洪水泥沙特征值见表5-2。

(a) 南盘江小龙潭站

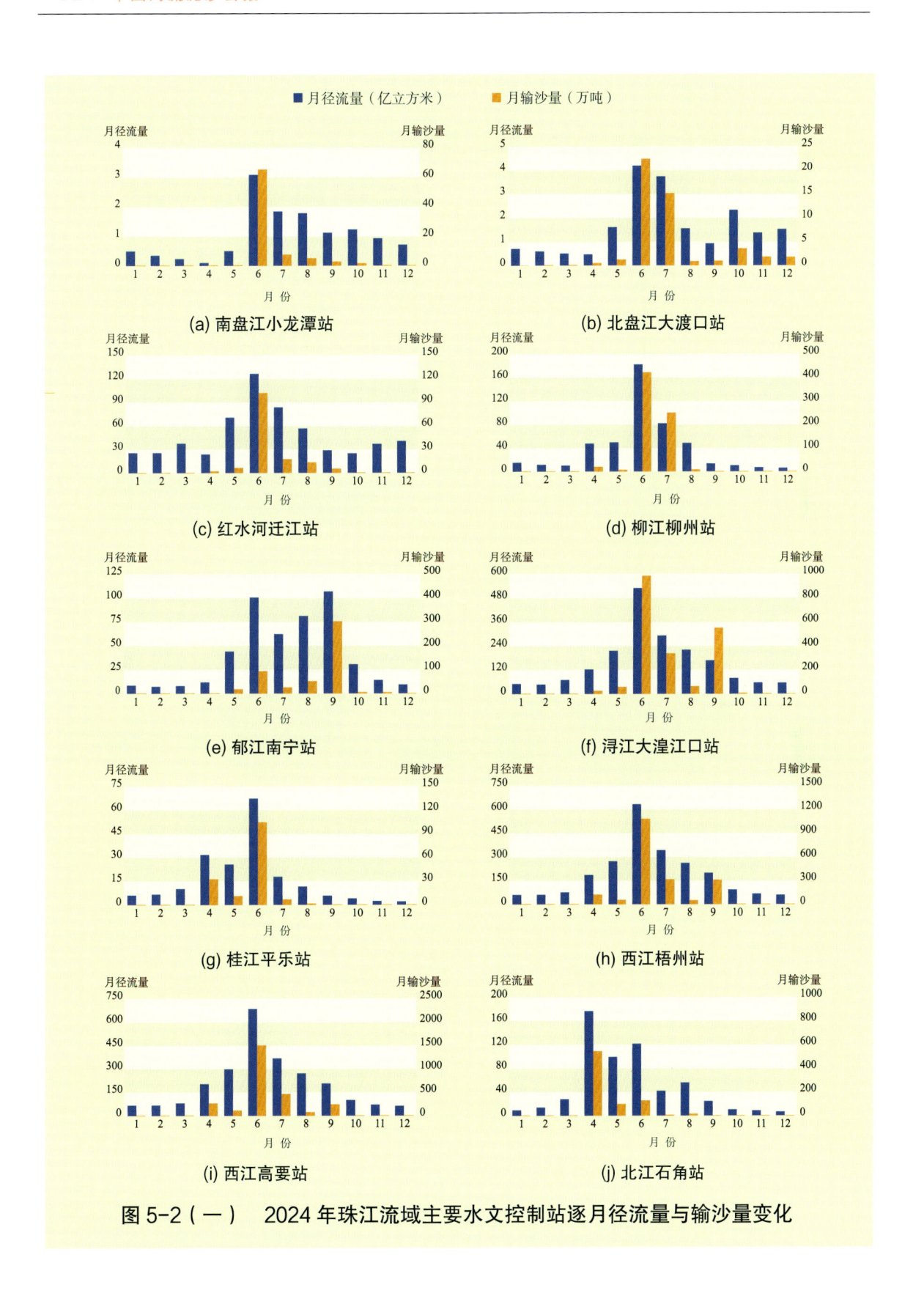

(b) 北盘江大渡口站

(c) 红水河迁江站

(d) 柳江柳州站

(e) 郁江南宁站

(f) 浔江大湟江口站

(g) 桂江平乐站

(h) 西江梧州站

(i) 西江高要站

(j) 北江石角站

图 5-2（一） 2024 年珠江流域主要水文控制站逐月径流量与输沙量变化

图5-2（二） 2024年珠江流域主要水文控制站逐月径流量与输沙量变化

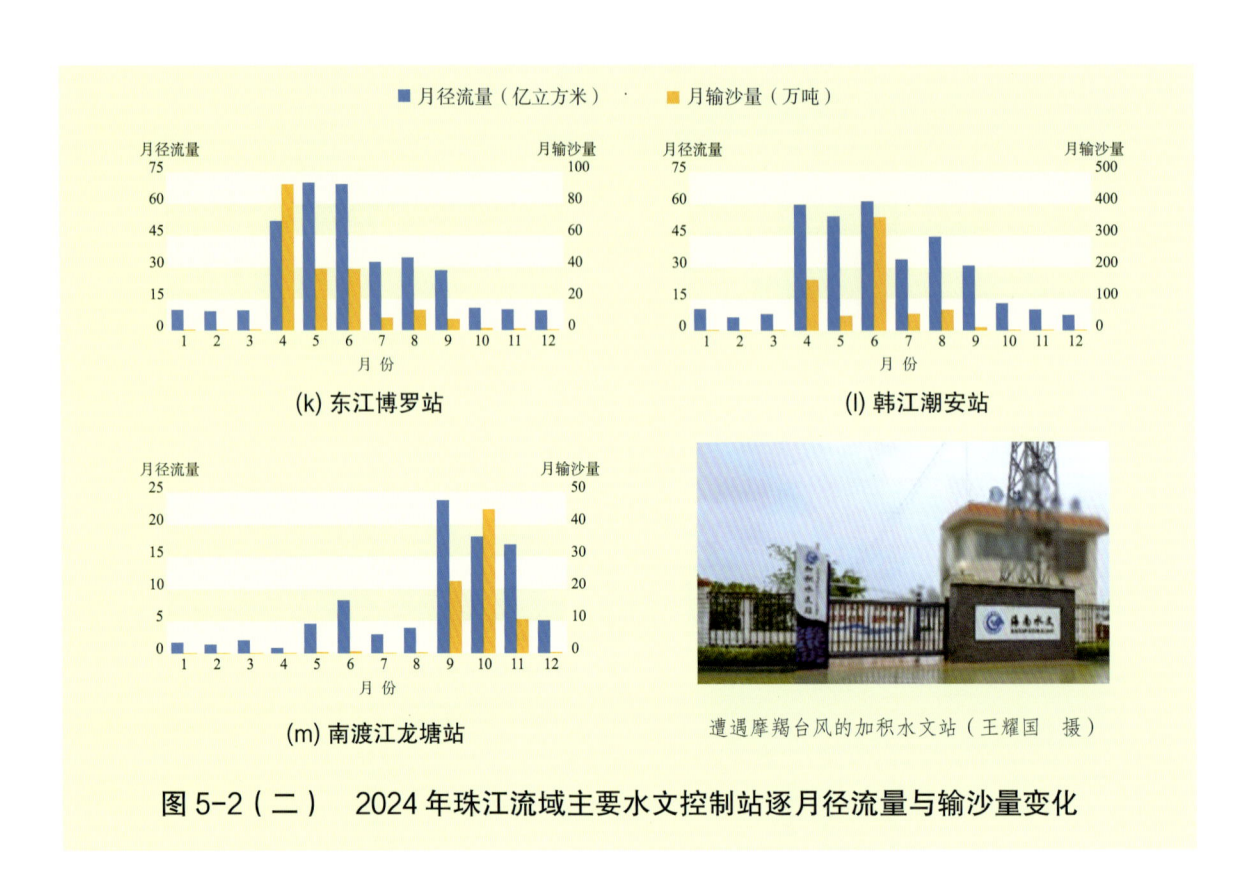

表5-2 2024年珠江流域洪水泥沙特征值

河流	洪水编号	水文站	洪水起止时间（月.日）	洪水径流量（亿立方米）	洪水输沙量（万吨）	洪峰流量 流量（立方米/秒）	洪峰流量 发生时间（月.日时:分）	最大含沙量 含沙量（千克/立方米）	最大含沙量 发生时间（月.日时:分）
西江	1	梧州	6.8—6.25	414.2	810	32400	6.17 5:35	0.228	6.18 8:12
西江	2	梧州	6.8—6.25	414.2	810	41100	6.21 8:52	0.390	6.21 14:20
西江	3	梧州	6.25—7.17	381.0	453	32800	6.29 4:50	0.193	6.28 13:00
西江	4	梧州	6.25—7.17	381.0	453	31600	7.4 11:40	0.454	7.4 10:33
北江	1	石角	4.5—4.11	47.41	178	13200	4.8 1:00	0.614	4.6 15:00
北江	2	石角	4.20—4.26	79.27	303	18500	4.22 6:00	0.849	4.21 17:00
东江	1	博罗	4.26—5.2	31.57	70.0	7350	4.29 0:00	0.528	4.29 7:59
韩江	1	潮安	4.6—4.12	16.34	61.7	6000	4.8 10:00	0.878	4.8 9:53
韩江	2	潮安	4.16—4.27	18.60	46.3	6010	4.26 15:50	0.534	4.26 17:00
韩江	3	潮安	4.28—5.12	24.66	80.6	5880	4.28 18:20	0.519	4.29 17:00
韩江	4	潮安	6.17—6.23	25.19	344	11600	6.18 2:15	3.81	6.18 5:30
韩江	5	潮安	7.25—7.31	16.11	49.7	5640	7.27 17:00	0.820	7.27 17:20
韩江	6	潮安	8.20—8.26	18.48	56.2	5670	8.21 8:20	0.755	8.21 8:00

三、典型断面冲淤变化

（一）西江梧州水文站断面

梧州站断面冲淤变化见图 5-3。梧州站断面自 2001 年至 2010 年深泓显著淤高 15.1 米，而后深泓总体上呈下切趋势，至 2023 年主槽下切 7.3 米。与上年度相比，2024 年河床稳定，断面基本保持不变。

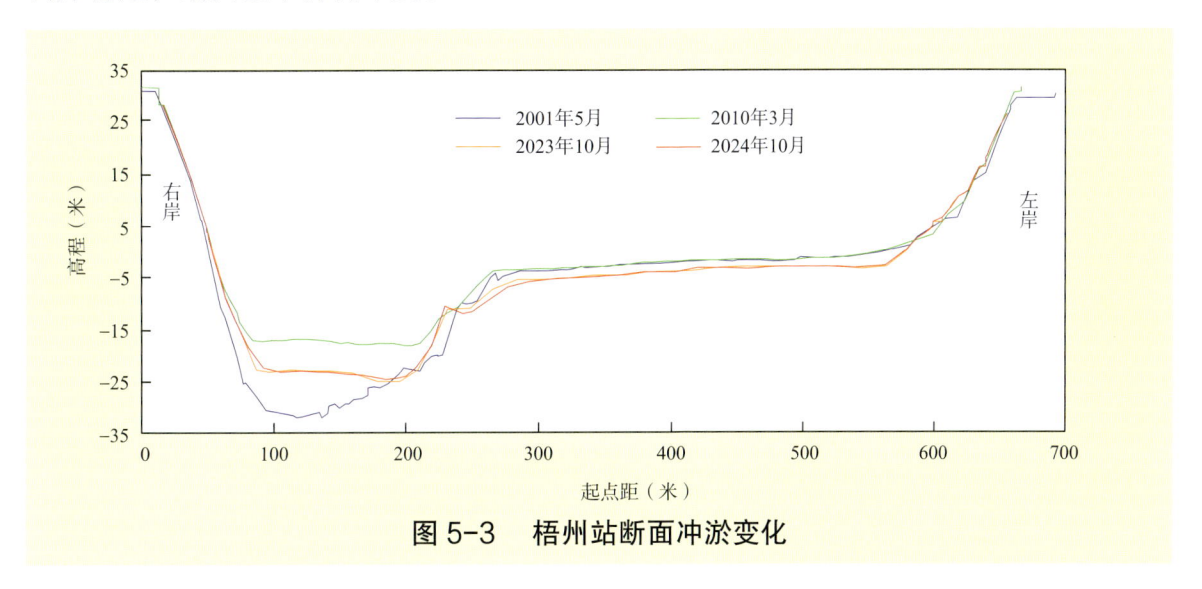

图 5-3　梧州站断面冲淤变化

（二）北江石角水文站断面

石角站断面冲淤变化见图 5-4。石角站断面自 2000 年至 2013 年，逐年下切，2013 年后断面基本稳定。与上年度相比，2024 年断面主槽有冲有淤，左侧最大下切 1.5 米，右侧最大淤积 2.1 米。

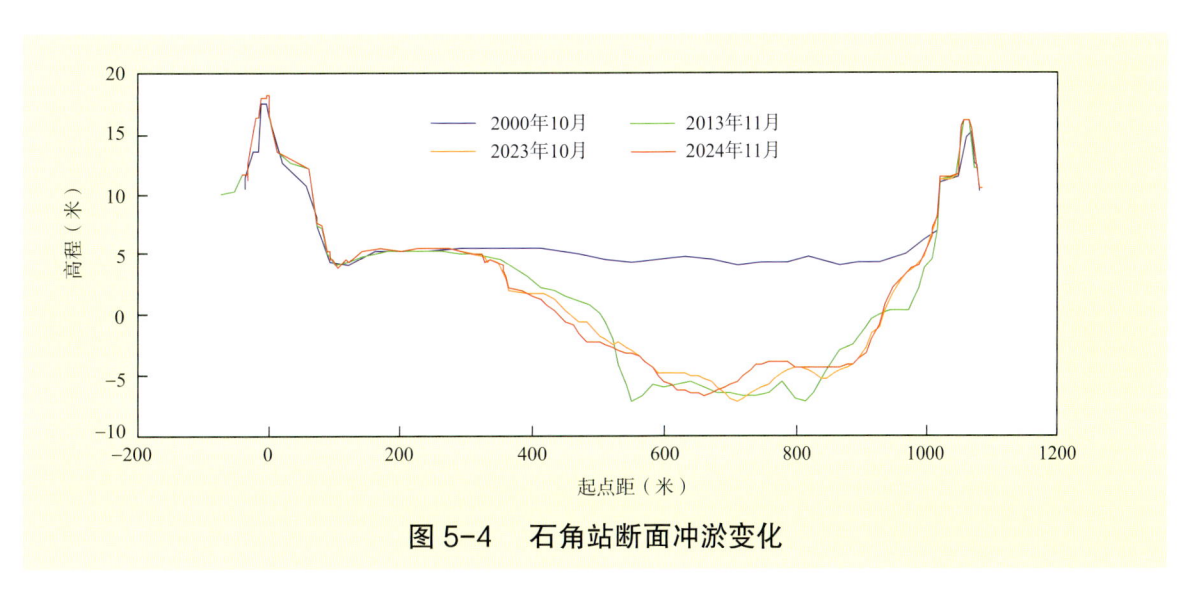

图 5-4　石角站断面冲淤变化

四、重要泥沙事件

北江、韩江多发洪水致使河道输沙量增加

由于洪水频发，北江、韩江主要水文控制站输沙量显著增大，其中北江下游石角站 2024 年输沙量为 810 万吨，是近 10 年平均值的 1.8 倍、2023 年值的 3.6 倍，2 次编号洪水期间输沙量共计 481 万吨，占全年输沙量的 59%；韩江下游潮安站 2024 年输沙量为 698 万吨，是近 10 年平均值的 3.1 倍、2023 年值的 5.5 倍，6 次编号洪水期间输沙量共计 639 万吨，占全年输沙量的 92%。

海南加报水文站洪水期间被淹

东辽河二龙山水库（张驰 摄）

第六章 松花江与辽河

一、概述

（一）松花江

2024年松花江流域主要水文控制站实测径流量与多年平均值比较，秦家站基本持平，江桥站和大赉站分别偏小43%和26%，其他站偏大28%~91%；与上年度比较，江桥站和大赉站分别减小41%和31%，其他站增大13%~69%。

2024年松花江流域主要水文控制站实测输沙量与多年平均值比较，牡丹江站偏大数倍，其他站偏小5%~54%；与上年度比较，扶余站增大数倍，哈尔滨站和秦家站分别增大21%和71%，其他站减小38%~81%。

2024年哈尔滨站断面主槽局部有冲有淤，其他位置无明显变化。

（二）辽河

2024年辽河流域主要水文控制站实测径流量与多年平均值比较，兴隆坡站偏小20%，王奔站和六间房站分别偏大2.65倍和2.24倍，其他站偏大13%~147%；与上年度比较，新民站基本持平，兴隆坡站增大数倍，其他站增大44%~98%。

2024年辽河流域主要水文控制站实测输沙量与多年平均值比较，新民站和铁岭站分别偏小77%和36%，兴隆坡、巴林桥和六间房各站偏大20%~74%，其他站偏大数倍；与上年度比较，新民站减小67%，铁岭站和六间房站分别增大183%和42%，其他站增大数倍。

2024年六间房站断面局部略有冲淤变化。

二、径流量与输沙量

（一）松花江

1. 2024年实测水沙特征值

2024年松花江流域主要水文控制站实测水沙特征值与多年平均值及2023年值比较见表6-1和图6-1。

2024年实测径流量与多年平均值比较，扶余、哈尔滨和牡丹江各站分别偏大70%、28%和91%，秦家站基本持平，江桥站和大赉站分别偏小43%和26%；与上年度比较，扶余、哈尔滨、秦家和牡丹江各站分别增大69%、13%、18%和15%，江桥站和大赉站分别减小41%和31%。

2024年实测输沙量与多年平均值比较，牡丹江站偏大2.21倍，江桥、大赉、扶余、哈尔滨和秦家各站分别偏小39%、54%、29%、5%和38%；与上年度比较，扶余站增大2.09倍，哈尔滨站和秦家站分别增大21%和71%，江桥、大赉和牡丹江各站分别减小81%、74%和38%。

2. 径流量与输沙量年内变化

2024年松花江流域主要水文控制站逐月径流量与输沙量变化见图6-2。2024年松花江流域江桥站和大赉站径流量、输沙量主要集中在5—10月，分别占全年75%、77%和88%、96%；扶余、哈尔滨、秦家和牡丹江各站径流量、输沙量主要集中在6—9月，分别占全年的66%~82%和85%~96%。

3. 洪水泥沙

2024年松花江吉林段和支流牡丹江各发生1次编号洪水。扶余站洪峰流量和最大含沙量分别为5140立方米/秒和0.146千克/立方米；牡丹江站洪峰流量和最大含沙量分别为4480立方米/秒和1.44千克/立方米。松花江流域洪水泥沙特征值见表6-2。

表 6-1 松花江流域主要水文控制站实测水沙特征值对比

河　流		嫩江	嫩江	松花江吉林段	松花江干流	呼兰河	牡丹江
水文控制站		江桥	大赉	扶余	哈尔滨	秦家	牡丹江
控制流域面积（万平方公里）		16.26	22.17	7.18	38.98	0.98	2.22
年径流量（亿立方米）	多年平均	205.5 (1955—2020年)	207.5 (1955—2020年)	148.7 (1955—2020年)	407.4 (1955—2020年)	22.01 (2005—2020年)	50.80 (2005—2020年)
	近10年平均	227.5	235.8	166.5	461.1	23.50	67.55
	2023年	196.3	223.2	149.1	461.2	18.53	84.23
	2024年	116.2	153.0	252.4	522.6	21.81	96.93
年输沙量（万吨）	多年平均	219 (1955—2020年)	176 (1955—2020年)	189 (1955—2020年)	570 (1955—2020年)	17.0 (2005—2020年)	105 (2005—2020年)
	近10年平均	376	285	79.9	407	15.2	213
	2023年	689	314	43.4	446	6.21	545
	2024年	134	81.8	134	540	10.6	337
年平均含沙量（千克/立方米）	多年平均	0.107 (1955—2020年)	0.085 (1955—2020年)	0.127 (1955—2020年)	0.140 (1955—2020年)	0.077 (2005—2020年)	0.207 (2005—2020年)
	2023年	0.351	0.141	0.029	0.097	0.034	0.647
	2024年	0.115	0.054	0.053	0.103	0.049	0.348
输沙模数 [吨/(年·平方公里)]	多年平均	13.5 (1955—2020年)	7.94 (1955—2020年)	26.3 (1955—2020年)	14.6 (1955—2020年)	17.3 (2005—2020年)	47.3 (2005—2020年)
	2023年	42.4	14.2	6.04	11.4	6.34	245
	2024年	8.24	1.17	5.91	13.9	10.8	152

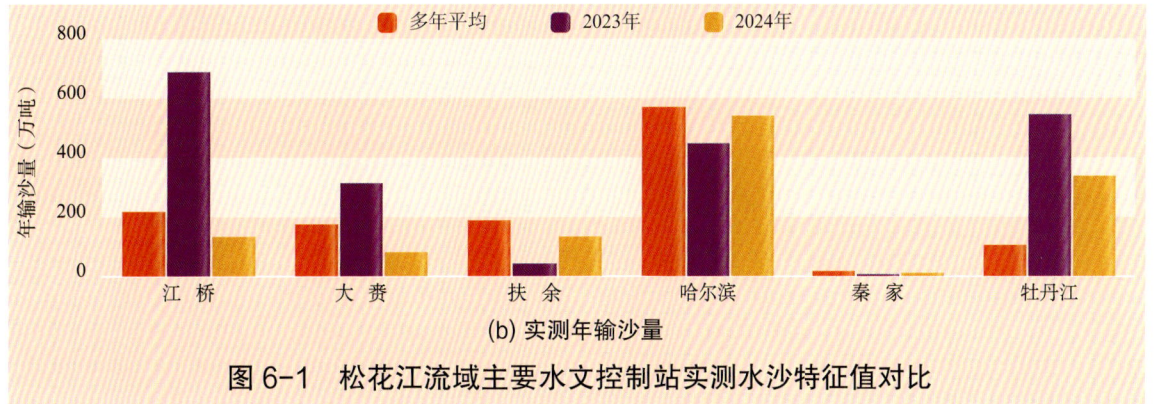

(a) 实测年径流量

(b) 实测年输沙量

图 6-1 松花江流域主要水文控制站实测水沙特征值对比

图 6-2　2024 年松花江流域主要水文控制站逐月径流量与输沙量变化

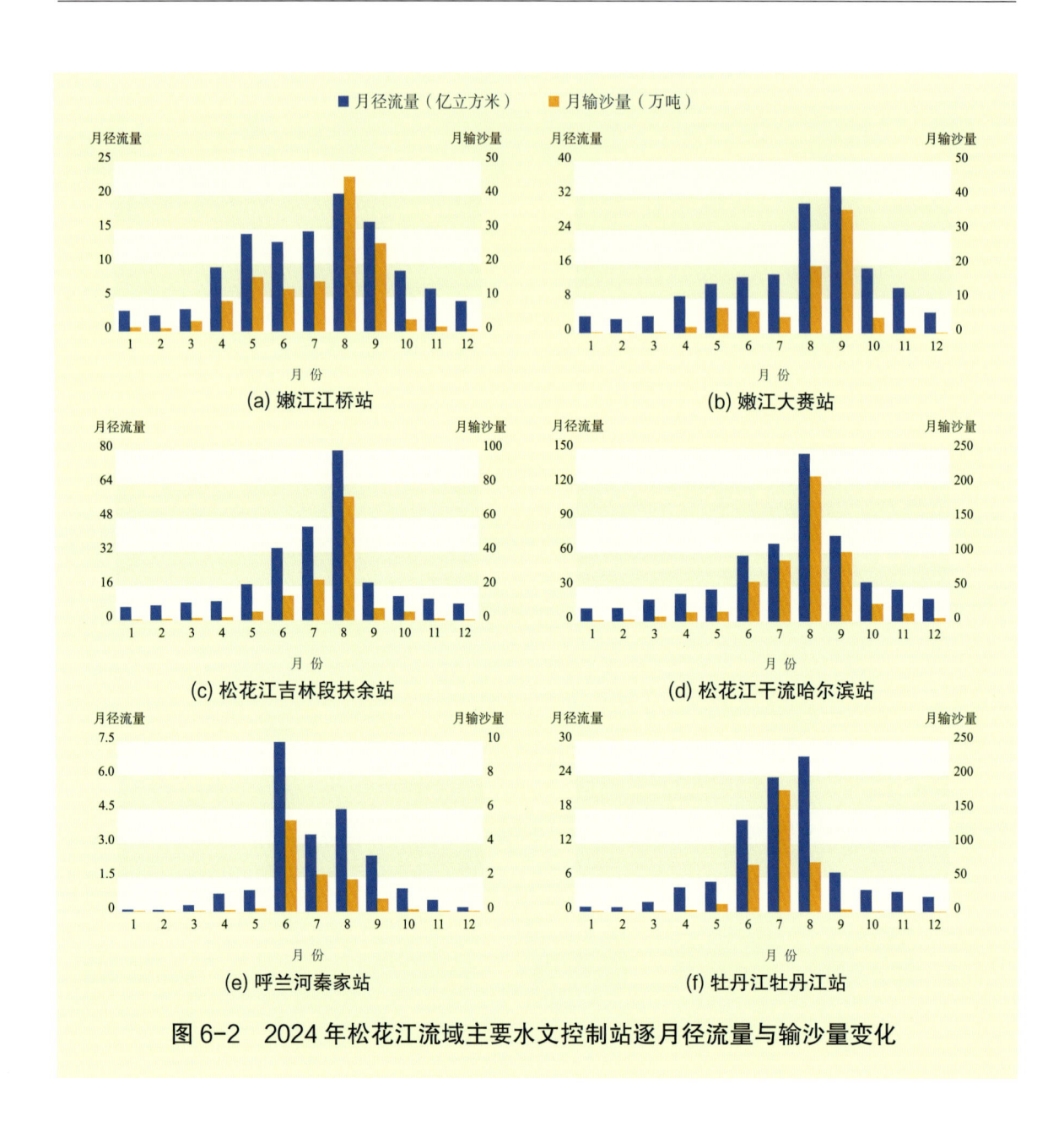

表 6-2　2024 年松花江流域洪水泥沙特征值

河流	洪水编号	水文站	洪水起止时间（月.日）	洪水径流量（亿立方米）	洪水输沙量（万吨）	洪峰流量 流量（立方米/秒）	洪峰流量 发生时间（月.日 时:分）	最大含沙量 含沙量（千克/立方米）	最大含沙量 发生时间（月.日 时:分）
松花江吉林段	1	扶余	7.27—8.20	77.60	7.65	5140	8.4 22:40	0.146	8.3 14:00
牡丹江	1	牡丹江	7.27—8.4	22.40	169	4480	8.1 0:45	1.44	7.29 14:45

（二）辽河

1. 2024 实测水沙特征值

2024年辽河流域主要水文控制站实测水沙特征值与多年平均值及2023年值的比较见表6-3和图6-3。

2024年实测径流量与多年平均值比较，王奔站和六间房站分别偏大2.65倍和2.24倍，巴林桥、新民、唐马寨、邢家窝棚和铁岭各站分别偏大13%、17%、65%、79%和147%，兴隆坡站偏小20%；与上年度比较，兴隆坡站增大数倍，巴林桥、王奔、唐马寨、邢家窝棚、铁岭和六间房各站分别增大44%、91%、98%、96%、86%和89%，新民站基本持平。

表6-3 辽河流域主要水文控制站实测水沙特征值对比

河　流		老哈河	西拉木伦河	东辽河	柳河	太子河	浑河	辽河干流	辽河干流
水文控制站		兴隆坡	巴林桥	王　奔	新　民	唐马寨	邢家窝棚	铁　岭	六间房
控制流域面积（万平方公里）		1.91	1.12	1.04	0.56	1.12	1.11	12.08	13.65
年径流量（亿立方米）	多年平均	4.306 (1963—2020年)	3.141 (1994—2020年)	5.501 (1989—2020年)	1.988 (1965—2020年)	24.23 (1963—2020年)	19.31 (1955—2020年)	28.62 (1954—2020年)	28.27 (1987—2020年)
	近10年平均	0.7217	2.863	10.74	1.591	24.87	19.81	35.37	42.69
	2023年	0.1400	2.460	10.53	2.332	20.14	17.66	37.90	48.41
	2024年	3.441	3.542	20.07	2.329	39.97	34.60	70.68	91.58
年输沙量（万吨）	多年平均	1150 (1963—2020年)	388 (1994—2020年)	41.7 (1989—2020年)	331 (1965—2020年)	94.7 (1963—2020年)	72.7 (1955—2020年)	992 (1954—2020年)	337 (1987—2020年)
	近10年平均	207	222	49.1	101	50.6	48.7	174	229
	2023年	1.91	142	45.5	233	11.2	10.3	225	348
	2024年	2000	464	178	77.0	292	245	636	494
年平均含沙量（千克/立方米）	多年平均	26.7 (1963—2020年)	12.4 (1994—2020年)	0.758 (1989—2020年)	16.6 (1965—2020年)	0.391 (1963—2020年)	0.376 (1955—2020年)	3.47 (1954—2020年)	1.19 (1987—2020年)
	2023年	1.35	5.75	0.431	10.0	0.056	0.058	0.594	0.714
	2024年	58.2	13.1	0.888	3.30	0.733	0.711	0.897	0.538
年平均中数粒径（毫米）	多年平均	0.023 (1982—2020年)	0.022 (1994—2020年)			0.036 (1963—2020年)	0.044 (1955—2020年)	0.029 (1962—2020年)	
	2023年	0.010	0.010			0.039	0.056	0.039	
	2024年	0.007	0.007			0.014	0.041	0.084	
输沙模数[吨/(年·平方公里)]	多年平均	602 (1963—2020年)	346 (1994—2020年)	40.1 (1989—2020年)	591 (1965—2020年)	84.6 (1963—2020年)	65.5 (1955—2020年)	82.1 (1954—2020年)	24.7 (1987—2020年)
	2023年	1.00	127	43.8	416	10.0	9.28	18.6	25.5
	2024年	1047	414	171	138	261	221	52.6	36.2

图 6-3 辽河流域主要水文控制站实测水沙特征值对比

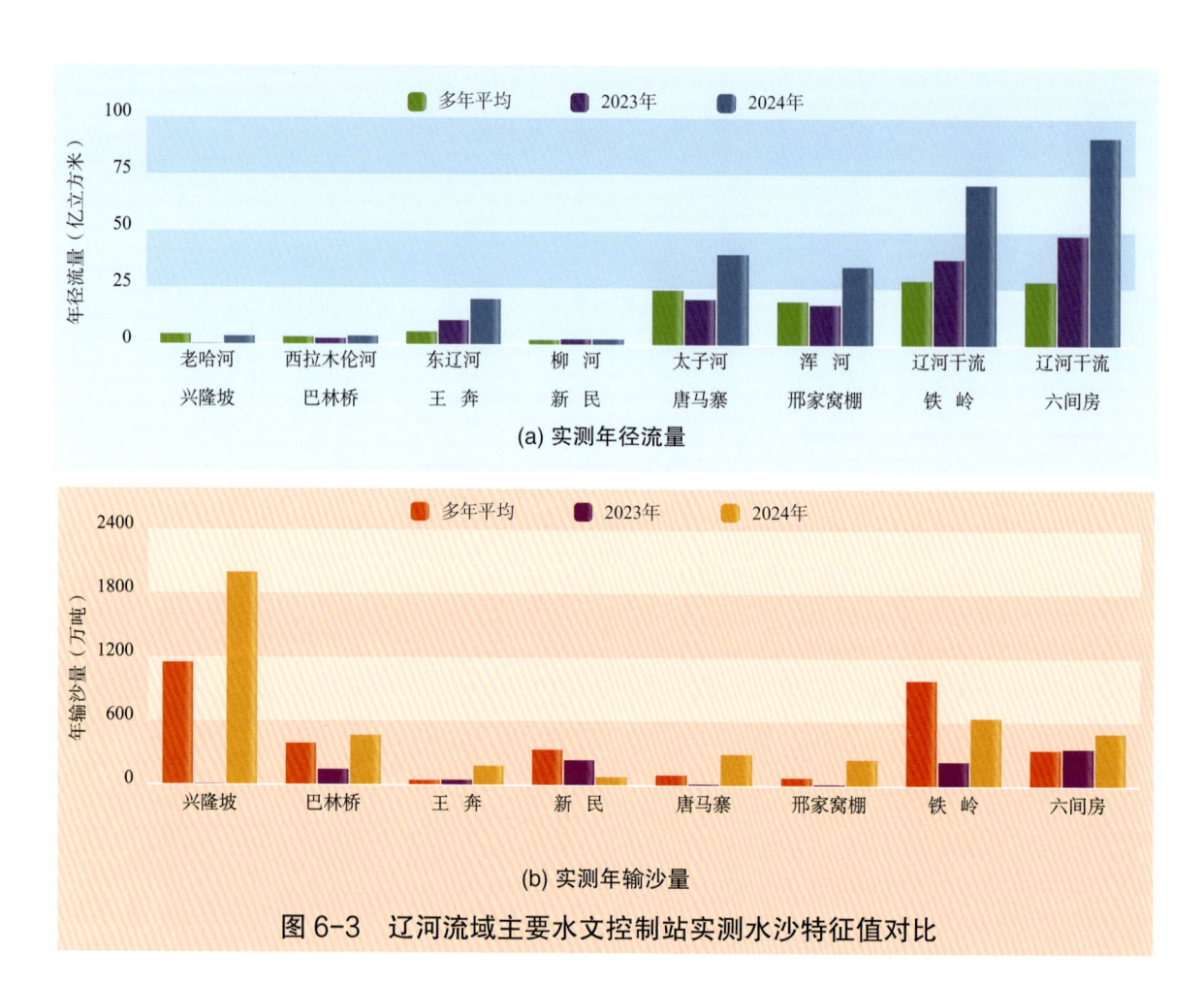

(a) 实测年径流量

(b) 实测年输沙量

2024年实测输沙量与多年平均值比较，兴隆坡、巴林桥和六间房各站分别偏大74%、20%和47%，王奔、唐马寨和邢家窝棚各站分别偏大3.27倍、2.08倍和2.37倍，新民站和铁岭站分别偏小77%和36%；与上年度比较，兴隆坡、巴林桥、王奔、唐马寨、邢家窝棚各站分别增大1046倍、2.27倍、2.91倍、25.1倍和22.8倍，铁岭站和六间房站分别增大183%和42%，新民站减小67%。

2. 径流量与输沙量年内变化

2024年辽河流域主要水文控制站逐月径流量与输沙量变化见图6-4。2024年辽河流域兴隆坡、巴林桥、王奔、新民、唐马寨、邢家窝棚、铁岭和六间房各站径流量、输沙量主要集中在7—9月，分别占全年的54%~88%和67%~100%。

3. 洪水泥沙

2024年辽河流域东辽河发生2次编号洪水，其中，1号洪水王奔站洪峰流量和最大含沙量分别为1520立方米/秒和2.36千克/立方米；2号洪水王奔站洪峰流量和最大含沙量分别为580立方米/秒和2.85千克/立方米。辽河流域洪水泥沙特征值见表6-4。

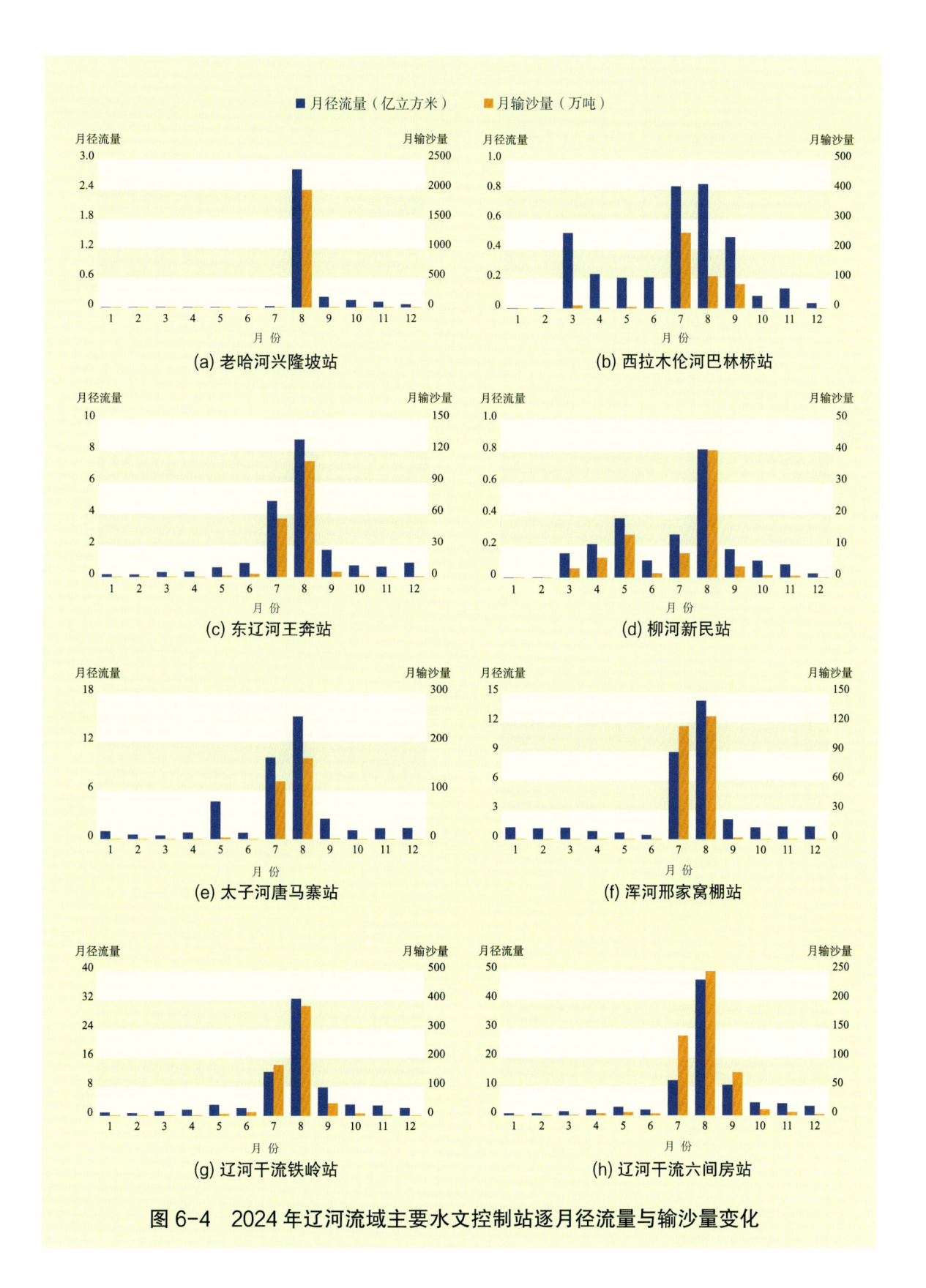

图 6-4　2024 年辽河流域主要水文控制站逐月径流量与输沙量变化

表 6-4 2024年辽河流域洪水泥沙特征值

河流	洪水编号	水文站	洪水起止时间（月.日）	洪水径流量（亿立方米）	洪水输沙量（万吨）	洪峰流量 流量（立方米/秒）	洪峰流量 发生时间（月.日 时:分）	最大含沙量 含沙量（千克/立方米）	最大含沙量 发生时间（月.日 时:分）
东辽河	1	王奔	7.28—8.7	5.970	101	1520	8.1 22:10	2.36	8.1 14:00
东辽河	2	王奔	8.10—8.16	2.210	21.7	580	8.11 23:00	2.85	7.8 7:20

三、典型断面冲淤变化

（一）松花江干流哈尔滨水文站断面

哈尔滨站断面冲淤变化见图6-5。自1995年以来，哈尔滨站断面形态总体比较稳定。与上年度相比，2024年哈尔滨站断面主槽起点距70~100米、280~410米、710~850米、1010~1020米处有淤积，110~120米、430~510米、860~1010米处有冲刷下切，其余部分冲淤变化不明显。

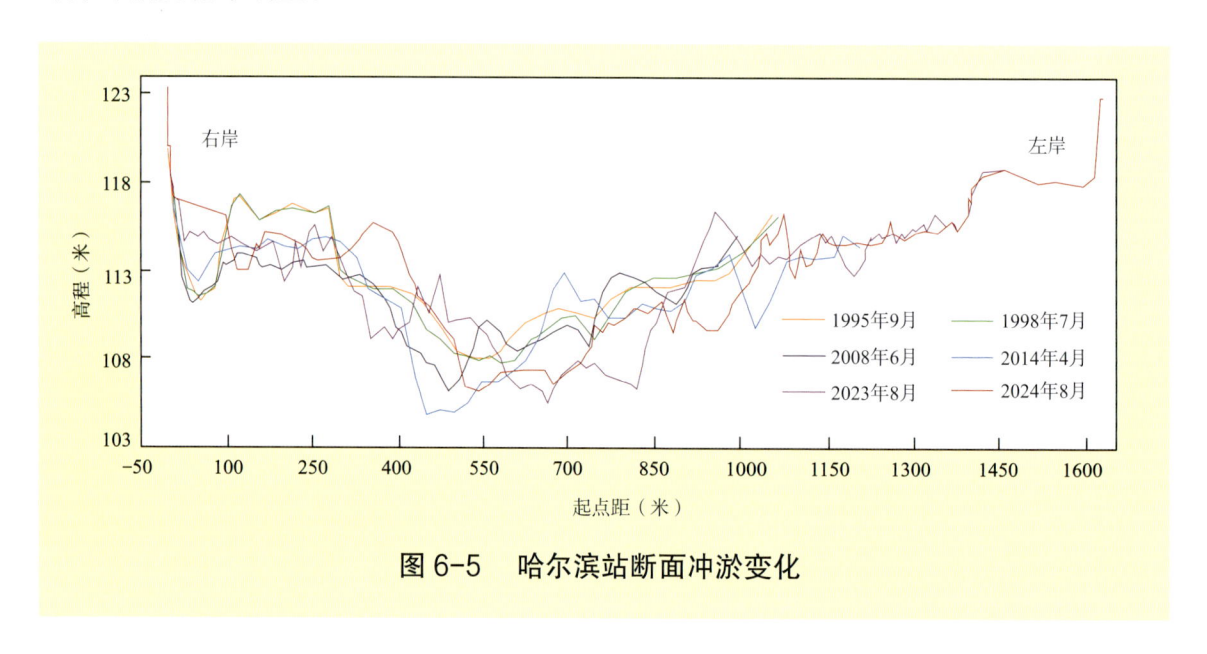

图 6-5 哈尔滨站断面冲淤变化

（二）辽河干流六间房水文站断面

六间房站断面冲淤变化见图6-6。自2003年以来，六间房站断面形态总体比较稳定，滩地冲淤变化不明显；河槽有冲有淤，深泓略有变化。与上年度相比，2024年六间房站断面起点距1050~1140米处略有冲刷下切，1140~1190米处略有淤积，其他位置无明显冲淤变化。

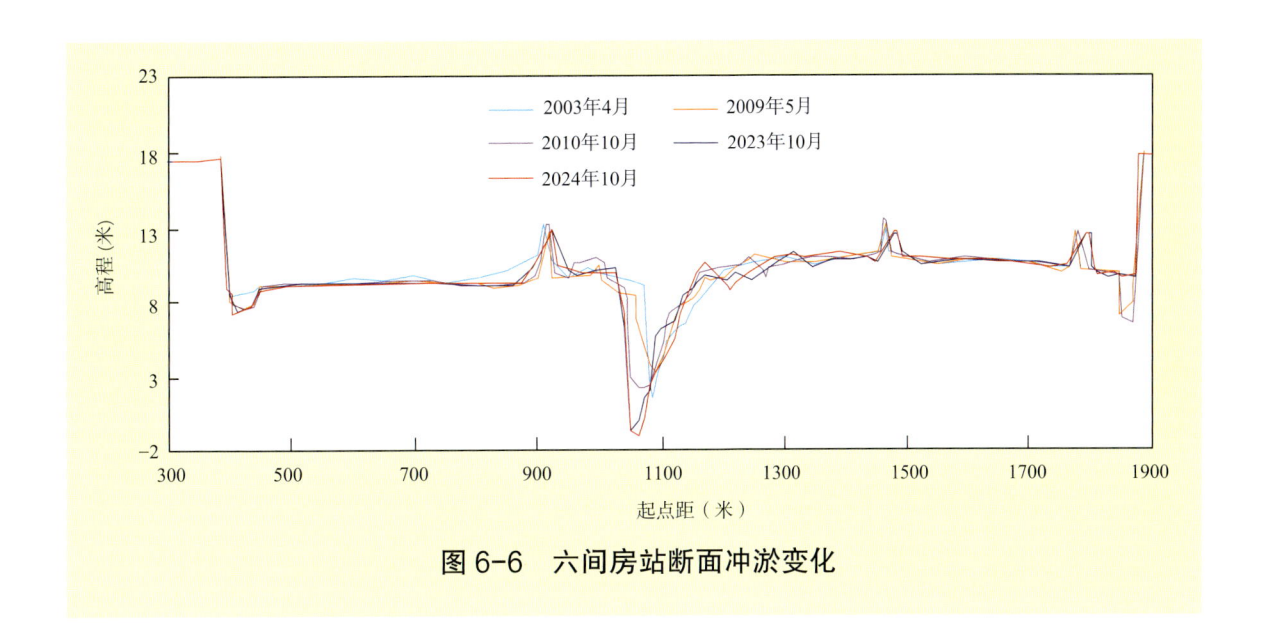

图 6-6　六间房站断面冲淤变化

曹娥江大闸

第七章　东南河流

一、概述

以钱塘江和闽江作为东南河流的代表性河流。

（一）钱塘江

2024年钱塘江流域主要水文控制站实测径流量与多年平均值比较，上虞东山站偏小28%，其他站偏大8%~39%；与上年度比较，各站增大78%~144%。

2024年钱塘江流域主要水文控制站实测输沙量与多年平均值比较，各站偏小12%~69%；与上年度比较，兰溪站偏大2.54倍，其他站增大171%~187%。

2024年兰溪站断面主槽明显冲刷，滩地略有淤积。

（二）闽江

2024年闽江流域主要水文控制站实测径流量与多年平均值比较，永泰（清水壑）站偏小19%，其他站偏大11%~29%；与上年度比较，各站增大20%~57%。

2024年闽江流域主要水文控制站实测输沙量与多年平均值比较，沙县（石桥）、竹岐和永泰（清水壑）各站偏小25%~87%，七里街站和洋口站分别偏大139%和157%；与上年度比较，永泰（清水壑）站减小77%，其他站增大数倍。

2024年竹岐站断面无明显冲淤变化。

二、径流量与输沙量

（一）钱塘江

1. 2024年实测水沙特征值

2024年钱塘江流域主要水文控制站实测水沙特征值与多年平均值及2023年值的比较见表7-1和图7-1。

2024年实测径流量与多年平均值比较，上虞东山站偏小28%，衢州、兰溪和诸暨各站分别偏大39%、34%和8%；与上年度比较，衢州、兰溪、上虞东山和诸暨各站分别偏大83%、96%、78%和144%。

2024年实测输沙量与多年平均值比较，衢州、兰溪、上虞东山和诸暨各站分别偏

表 7-1 钱塘江流域主要水文控制站实测水沙特征值对比

河　流		衢 江	兰 江	曹娥江	浦阳江
水文控制站		衢　州	兰　溪	上虞东山	诸　暨
控制流域面积（万平方公里）		0.54	1.82	0.44	0.17
年径流量 （亿立方米）	多年平均	62.91 (1958—2020年)	172.0 (1977—2020年)	34.38 (2012—2020年)	11.91 (1956—2020年)
	近10年平均	71.42	195.5	30.90	12.21
	2023年	47.93	117.0	13.83	5.254
	2024年	87.60	229.7	24.61	12.81
年输沙量 （万吨）	多年平均	101 (1958—2020年)	227 (1977—2020年)	32.1 (2012—2020年)	16.0 (1956—2020年)
	近10年平均	76.0	230	20.3	7.09
	2023年	26.1	56.5	3.48	2.86
	2024年	72.8	200	10.0	7.76
年平均含沙量 （千克/立方米）	多年平均	0.161 (1958—2020年)	0.132 (1977—2020年)	0.093 (2012—2020年)	0.134 (1956—2020年)
	2023年	0.054	0.048	0.025	0.054
	2024年	0.083	0.087	0.041	0.060
输沙模数 [吨/(年·平方公里)]	多年平均	187 (1958—2020年)	125 (1977—2020年)	73.0 (2012—2020年)	94.1 (1956—2020年)
	2023年	48.1	31.0	7.96	16.6
	2024年	134	110	22.9	45.1

注　上虞东山站上游钦寸水库跨流域引水量、汤浦水库管网引水量和曹娥江引水工程引水量未参加径流量计算。

图 7-1 钱塘江流域主要水文控制站实测水沙特征值对比

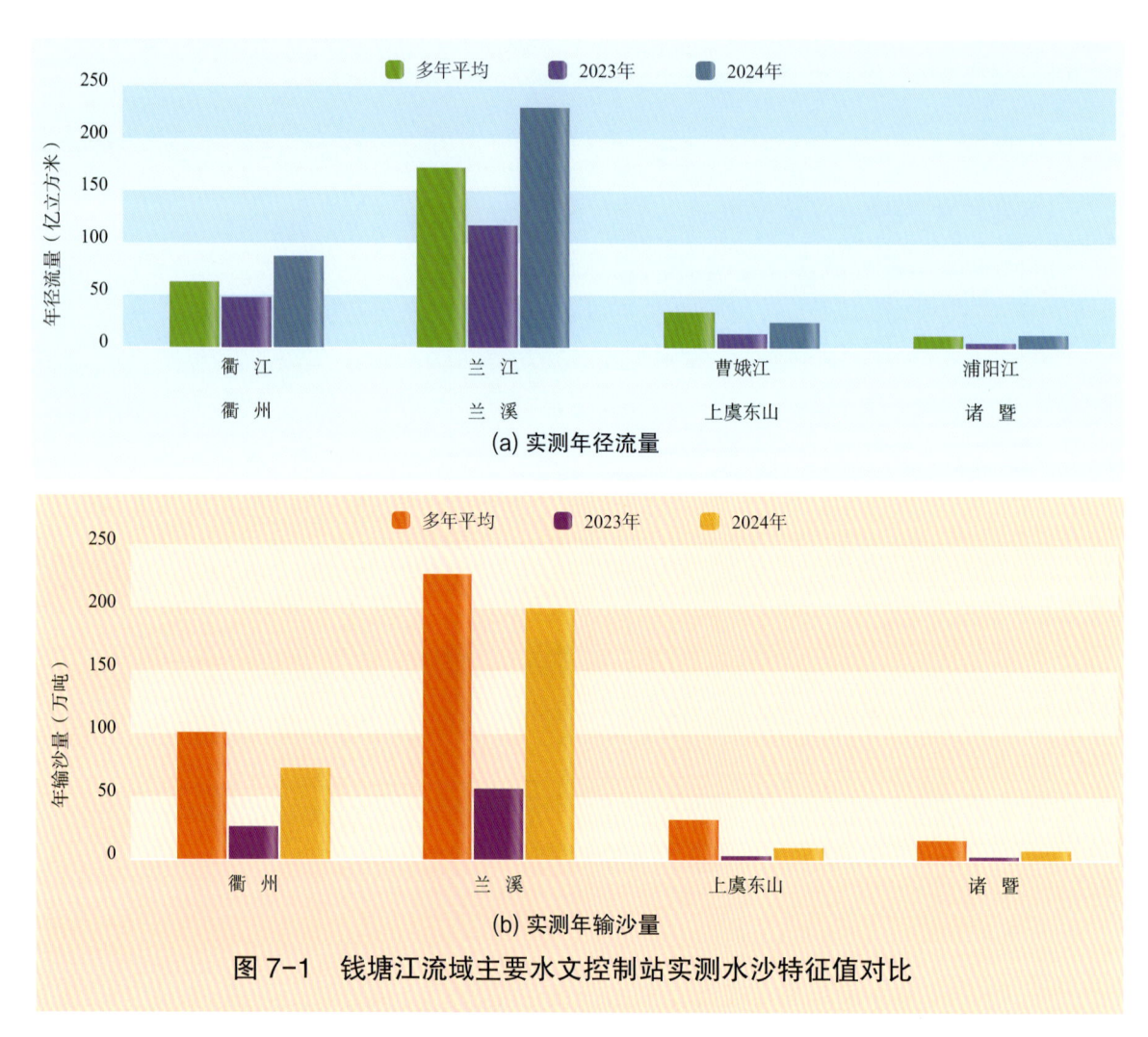

小 28%、12%、69% 和 52%；与上年度比较，兰溪站偏大 2.54 倍，衢州、上虞东山和诸暨各站分别偏大 179%、187% 和 171%。

2. 径流量与输沙量年内变化

2024 年钱塘江流域主要水文控制站逐月径流量与输沙量变化见图 7-2。2024 年上虞东山站径流量、输沙量主要集中在 2—6 月和 11 月，占全年的 85% 和 92%，其他站径流量、输沙量主要集中在 2—6 月，分别占全年的 82%~84% 和 95%~97%。各站最大月径流量、月输沙量分别占全年的 23%~31% 和 30%~51%。

3. 洪水泥沙

2024 年钱塘江干流和支流浦阳江分别发生 1 次编号洪水，衢州站洪峰流量和最大含沙量分别为 5080 立方米 / 秒和 0.301 千克 / 立方米；兰溪站洪峰流量和最大含沙量分别为 10200 立方米 / 秒和 0.451 千克 / 立方米；诸暨站洪峰流量和最大含沙量分别为 807 立方米 / 秒和 0.328 千克 / 立方米。2024 年钱塘江流域洪水泥沙特征值见表 7-2。

图 7-2　2024 年钱塘江流域主要水文控制站逐月径流量与输沙量变化

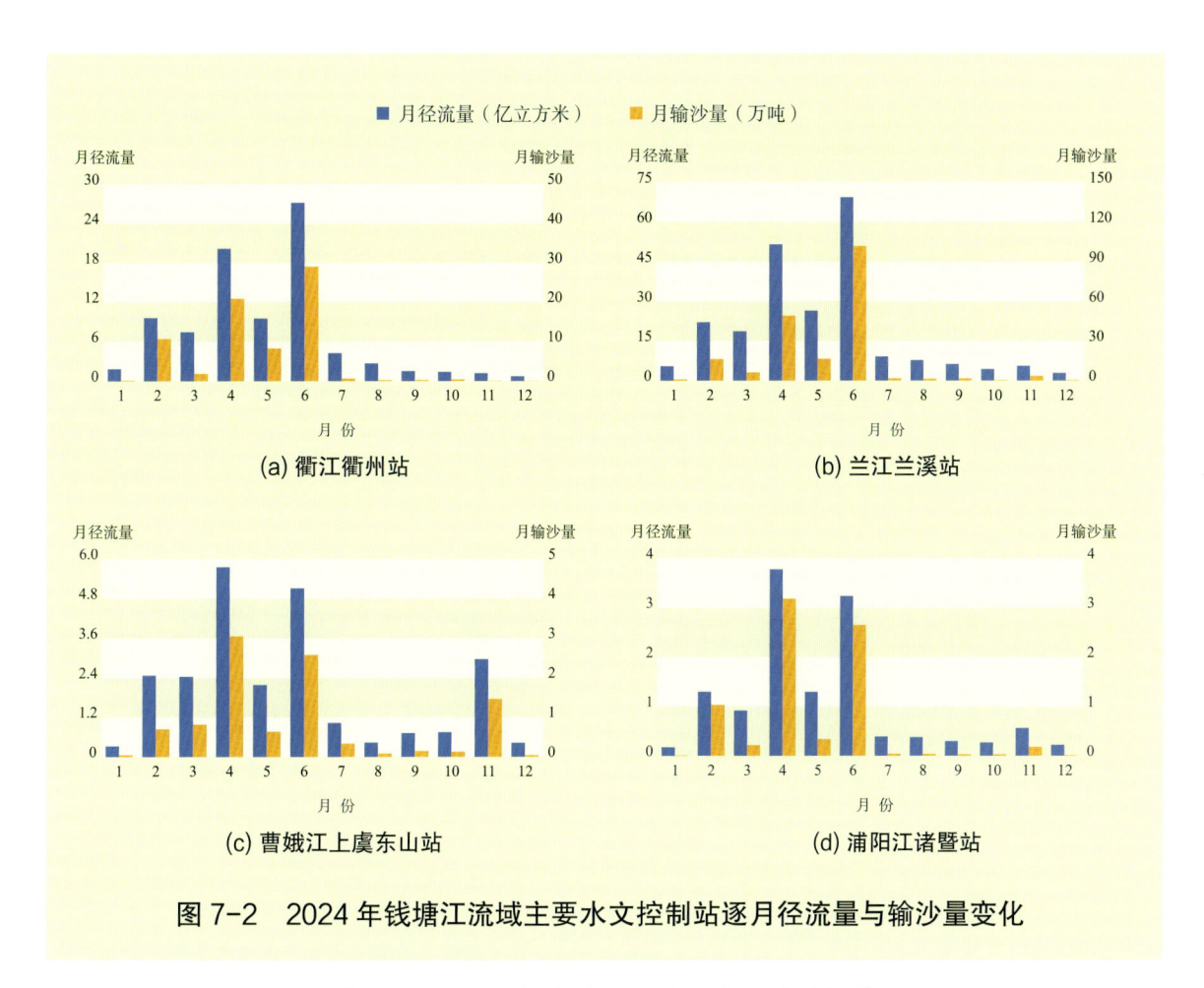

(a) 衢江衢州站　(b) 兰江兰溪站　(c) 曹娥江上虞东山站　(d) 浦阳江诸暨站

表 7-2　2024 年钱塘江流域洪水泥沙特征值

河流	洪水编号	水文站	洪水起止时间（月.日）	洪水径流量（亿立方米）	洪水输沙量（万吨）	洪峰流量 流量（立方米/秒）	洪峰流量 发生时间（月.日 时:分）	最大含沙量 含沙量（千克/立方米）	最大含沙量 发生时间（月.日 时:分）
衢江		衢州	6.25—7.1	10.67	15.3	5080	6.26 3:00	0.301	6.25 23:00
兰江	1	兰溪	6.25—7.4	25.20	50.1	10200	6.26 7:00	0.451	6.26 3:39
浦阳江		诸暨	6.25—7.2	1.953	2.11	807	6.25 23:10	0.328	6.25 20:55

（二）闽江

1. 2024 年实测水沙特征值

2024 年闽江流域主要水文控制站实测水沙特征值与多年平均值及 2023 年值的比较见表 7-3 和图 7-3。

2024 年实测径流量与多年平均值比较，永泰（清水壑）站偏小 19%，竹岐、七里街、洋口和沙县（石桥）各站分别偏大 11%、29%、20% 和 12%；与上年度比较，上述各站分别增大 38%、57%、39%、56% 和 20%。

表 7-3　闽江流域主要水文控制站实测水沙特征值对比

河　流		闽　江	建　溪	富屯溪	沙　溪	大樟溪
水文控制站		竹　岐	七里街	洋　口	沙县（石桥）	永泰（清水壑）
控制流域面积（万平方公里）		5.45	1.48	1.27	0.99	0.40
年径流量（亿立方米）	多年平均	539.7 (1950—2020年)	156.8 (1953—2020年)	139.7 (1952—2020年)	93.24 (1952—2020年)	36.35 (1952—2020年)
	近10年平均	548.8	166.6	148.8	92.10	30.30
	2023年	432.3	128.7	120.8	67.17	24.66
	2024年	597.4	201.6	168.1	104.6	29.53
年输沙量（万吨）	多年平均	525 (1950—2020年)	150 (1953—2020年)	136 (1952—2020年)	109 (1952—2020年)	50.9 (1952—2020年)
	近10年平均	212	197	193.2	126	21.6
	2023年	45.5	78.6	95.6	15.2	29.8
	2024年	325	358	350	82.1	6.80
年平均含沙量（千克/立方米）	多年平均	0.097 (1950—2020年)	0.095 (1953—2020年)	0.093 (1952—2020年)	0.114 (1952—2020年)	0.138 (1952—2020年)
	2023年	0.011	0.061	0.079	0.023	0.121
	2024年	0.054	0.177	0.209	0.079	0.023
输沙模数[吨/(年·平方公里)]	多年平均	96.3 (1950—2020年)	102 (1953—2020年)	107 (1952—2020年)	110 (1952—2020年)	126 (1952—2020年)
	2023年	8.35	53.2	75.5	15.3	73.9
	2024年	59.6	242	276	82.7	16.9

(a) 实测年径流量

(b) 实测年输沙量

图 7-3　闽江流域主要水文控制站实测水沙特征值对比

2024年实测输沙量与多年平均值比较，竹岐、沙县（石桥）和永泰（清水壑）各站分别偏小38%、25%和87%，七里街站和洋口站分别偏大139%和157%；与上年度比较，永泰（清水壑）站减小77%，竹岐、七里街、洋口和沙县（石桥）各站分别增大6.14倍、3.55倍、2.66倍和4.40倍。

2. 径流量与输沙量年内变化

2024年闽江流域主要水文控制站逐月径流量与输沙量变化见图7-4。2024年竹岐、七里街、洋口、沙县（石桥）各站径流量、输沙量主要集中在主汛期4—6月，分别占全年的53%~68%和82%~96%；永泰（清水壑）站径流量、输沙量主要集中在6—9月，

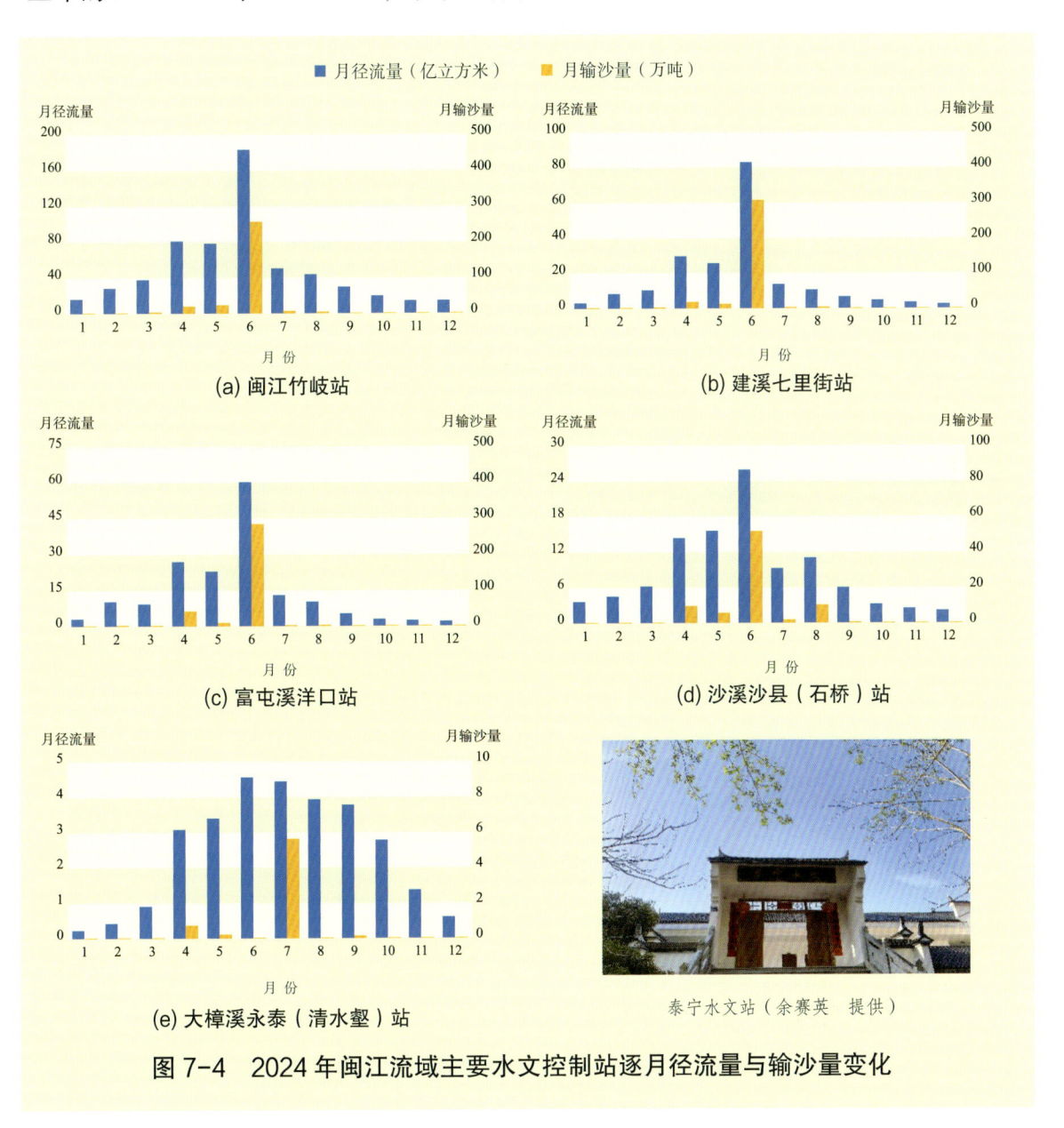

图 7-4 2024年闽江流域主要水文控制站逐月径流量与输沙量变化

(a) 闽江竹岐站
(b) 建溪七里街站
(c) 富屯溪洋口站
(d) 沙溪沙县（石桥）站
(e) 大樟溪永泰（清水壑）站

泰宁水文站（余赛英　提供）

分别占全年的 57% 和 85%。各站最大月径流量、月输沙量分别占全年的 15%~41% 和 63%~86%。

三、典型断面冲淤变化

（一）兰江兰溪水文站断面

兰溪站断面冲淤变化见图 7-5。与上年度相比，2024 年兰溪站断面起点距 40~90 米、110~220 米范围有明显冲刷，380~420 米范围略有淤积。

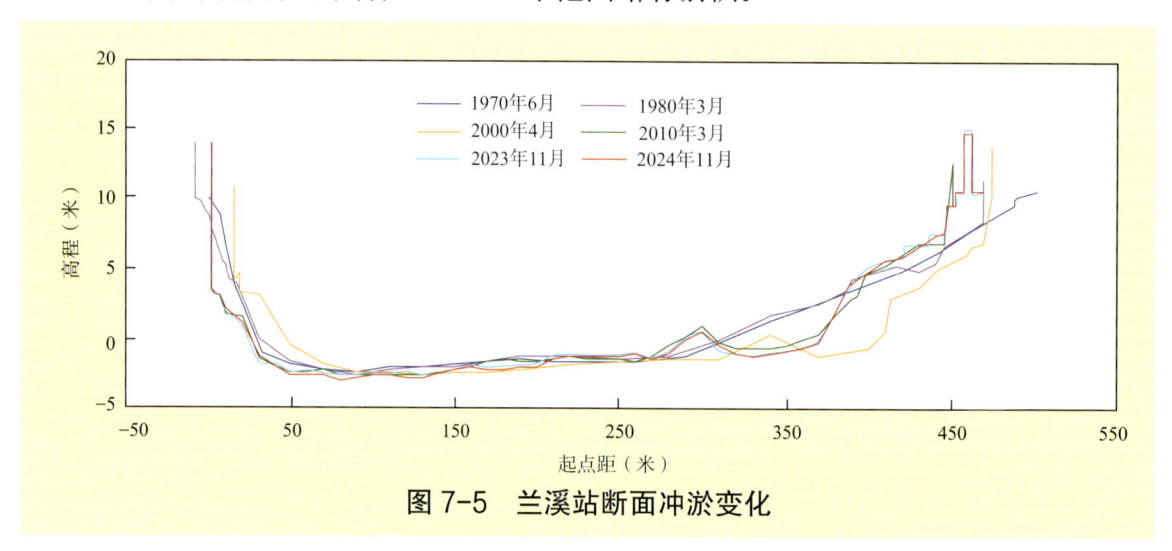

图 7-5　兰溪站断面冲淤变化

（二）闽江干流竹岐水文站断面

竹岐站断面冲淤变化见图 7-6。与上年度相比，2024 年竹岐站断面局部有冲有淤，整体无明显变化。

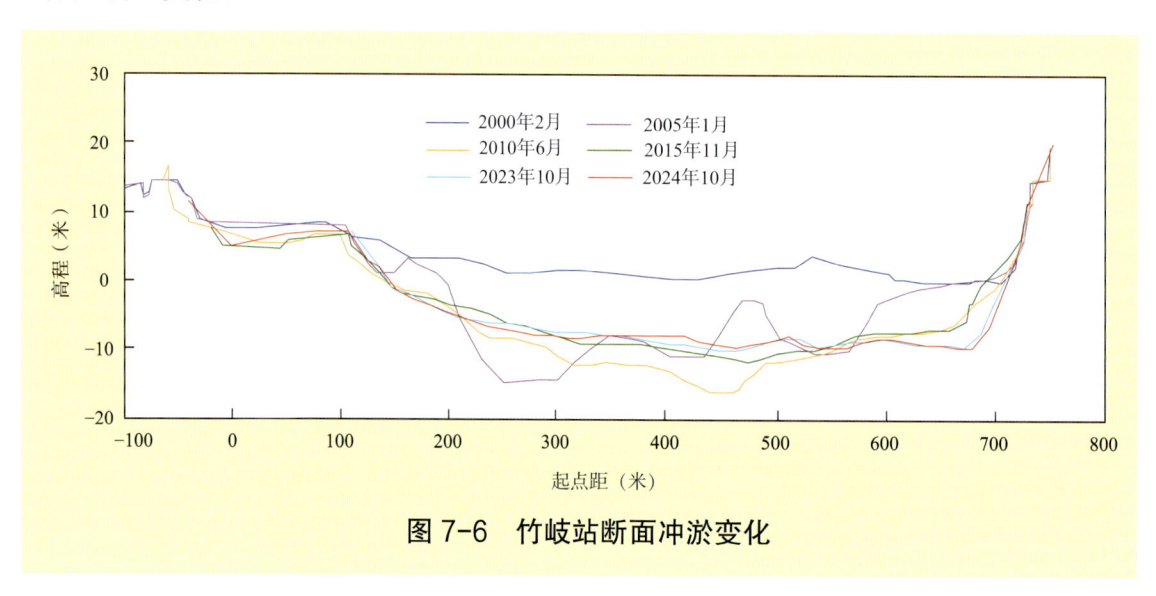

图 7-6　竹岐站断面冲淤变化

阿尔塔什水库泄流　（张沛　摄）

第八章　内陆河流

一、概述

以塔里木河、黑河、疏勒河和青海湖区部分河流作为内陆河流的代表性河流。

（一）塔里木河

2024年塔里木河流域主要水文控制站实测径流量与多年平均值比较，焉耆、西大桥（新大河）、卡群、同古孜洛克和阿拉尔各站偏大8%~59%；与上年度比较，各站增大7%~43%。

2024年塔里木河流域主要水文控制站实测输沙量与多年平均值比较，焉耆站和卡群站分别偏小73%和64%，其他站偏大39%~85%；与上年度比较，卡群站增大数倍，其他站增大39%~124%。

（二）黑河

2024年黑河干流主要水文控制站实测径流量与多年平均值比较，正义峡站基本持平，莺落峡站偏大10%；与上年度比较，两站分别增大36%和30%。

2024年黑河干流主要水文控制站实测输沙量与多年平均值比较，莺落峡站和正义峡站分别偏小89%和87%；与上年度比较，两站分别减小77%和26%。

（三）疏勒河

2024年疏勒河流域主要水文控制站实测径流量与多年平均值比较，昌马堡站和党城湾站分别偏大49%和14%；与上年度比较，两站分别增大30%和8%。

2024年疏勒河流域主要水文控制站实测输沙量与多年平均值比较，昌马堡站和党城湾站分别偏大46%和17%；与上年度比较，两站分别增大45%和161%。

（四）青海湖区

2024年青海湖区主要水文控制站实测径流量与多年平均值比较，布哈河口站和刚察站分别偏大198%和75%；与上年度比较，两站分别增大161%和74%。

2024年青海湖区主要水文控制站实测输沙量与多年平均值比较，布哈河口站和刚察站分别偏大196%和2.65倍；与上年度比较，布哈河口站增大128%，刚察站基本持平。

二、径流量与输沙量

（一）塔里木河

1. 2024年实测水沙特征值

2024年塔里木河流域主要水文控制站实测水沙特征值与多年平均值及2023年值的比较见表8-1及图8-1。

2024年实测径流量与多年平均值比较，焉耆、西大桥（新大河）、卡群、同古孜洛克和阿拉尔各站分别偏大8%、52%、35%、56%和59%；与上年度比较，焉耆、西大桥（新大河）、卡群、同古孜洛克和阿拉尔各站分别增大7%、18%、17%、40%和43%。

2024年实测输沙量与多年平均值比较，西大桥（新大河）、同古孜洛克和阿拉尔各站分别偏大39%、85%和66%，焉耆站和卡群站分别偏小73%和64%；与上年度比较，卡群站增大5.23倍，焉耆、西大桥（新大河）、同古孜洛克和阿拉尔各站分别增大105%、39%、124%和51%。

2. 径流量与输沙量年内变化

2024年塔里木河流域主要水文控制站逐月径流量与输沙量变化见图8-2。2024年塔里木河流域焉耆、西大桥（新大河）、卡群、同古孜洛克和阿拉尔各站径流量、输沙量主要集中在6—9月，分别占全年的56%~87%和96%~99%。各站最大月径流量、月输沙量分别占全年的17%~41%和43%~65%。

表 8-1 塔里木河流域主要水文控制站实测水沙特征值对比

河　　流		开都河	阿克苏河	叶尔羌河	玉龙喀什河	塔里木河干流
水文控制站		焉　耆	西大桥 （新大河）	卡　群	同古孜洛克	阿拉尔
控制流域面积（万平方公里）		2.25	4.31	5.02	1.46	
年径流量 （亿立方米）	多年平均	26.30 （1956—2020年）	38.10 （1958—2020年）	67.46 （1956—2020年）	22.99 （1964—2020年）	46.46 （1958—2020年）
	近10年平均	29.89	49.47	74.15	28.56	57.24
	2023年	26.60	49.25	77.85	25.76	51.70
	2024年	28.43	58.03	91.30	35.95	73.93
年输沙量 （万吨）	多年平均	63.2 （1956—2020年）	1710 （1958—2020年）	3070 （1956—2020年）	1230 （1964—2020年）	1990 （1958—2020年）
	近10年平均	9.02	1871	2000	1646	1857
	2023年	8.20	1710	175	1020	2190
	2023年	16.8	2380	1090	2280	3300
年平均含沙量 （千克/立方米）	多年平均	0.230 （1956—2020年）	4.30 （1958—2020年）	4.35 （1956—2020年）	5.06 （1964—2020年）	4.23 （1958—2020年）
	2023年	0.031	3.47	0.225	3.95	4.24
	2024年	0.059	4.09	1.20	6.33	4.44
输沙模数 [吨/(年·平方公里)]	多年平均			610 （1956—2020年）	844 （1964—2020年）	
	2023年			34.9	699	
	2024年			217	1560	

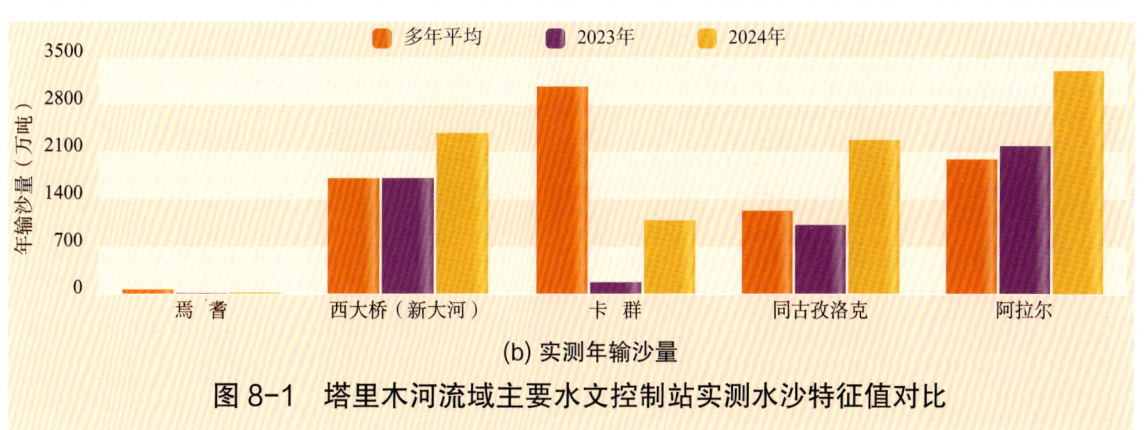

(a) 实测年径流量

(b) 实测年输沙量

图 8-1 塔里木河流域主要水文控制站实测水沙特征值对比

图 8-2　2024 年塔里木河流域主要水文控制站逐月径流量与输沙量变化

(a) 开都河焉耆站
(b) 阿克苏河西大桥（新大河）站
(c) 叶尔羌河卡群站
(d) 玉龙喀什河同古孜洛克站
(e) 塔里木河干流阿拉尔站

玉龙喀什河
（麦麦提阿卜杜拉·麦麦提敏　摄）

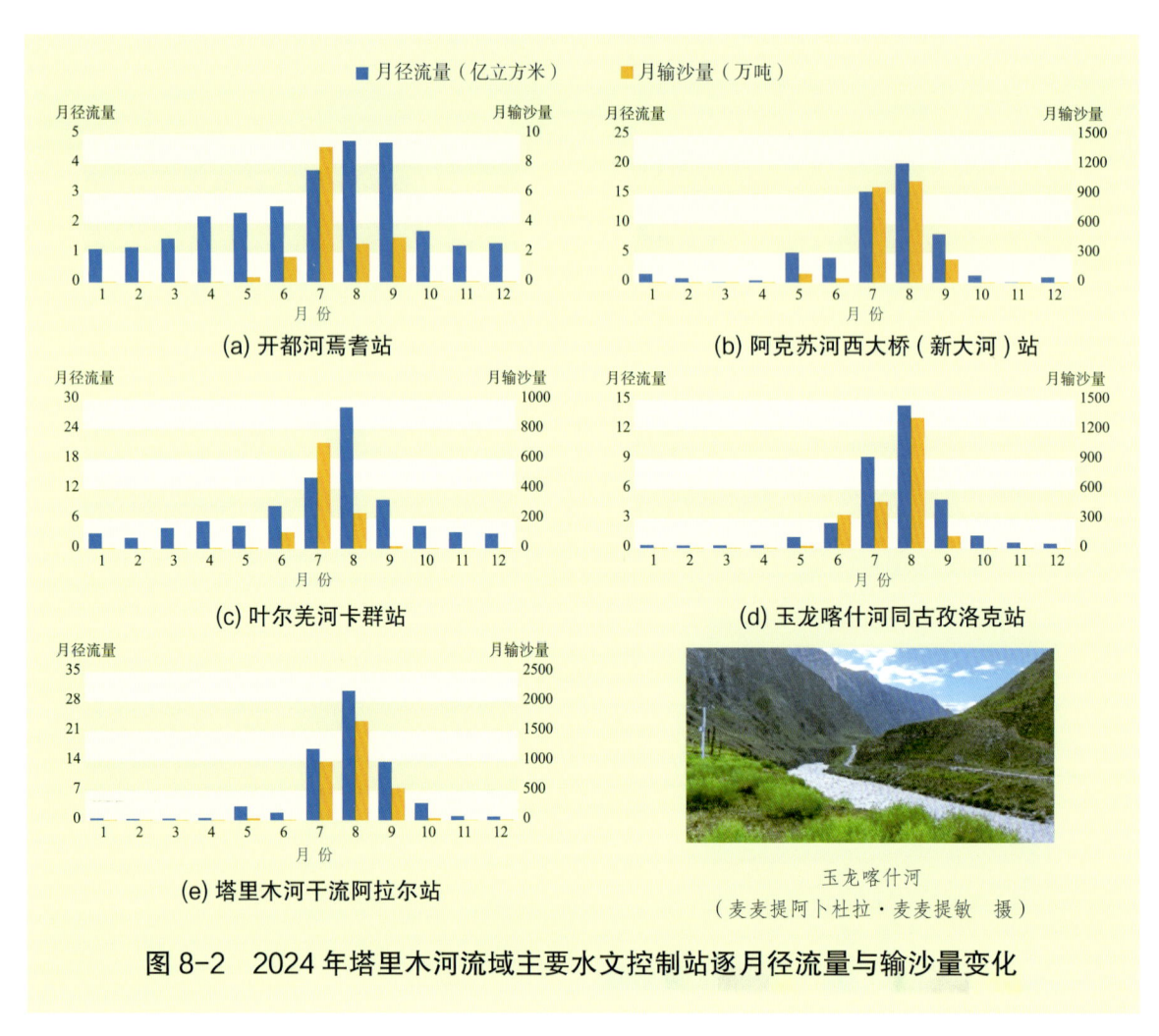

（二）黑河

1. 2024 年实测水沙特征值

2024 年黑河干流主要水文控制站实测水沙特征值与多年平均值及 2023 年值的比较见表 8-2 及图 8-3。

2024 年实测径流量与多年平均值比较，正义峡站基本持平，莺落峡站偏大 10%；与上年度比较，莺落峡站和正义峡站分别增大 36% 和 30%。

2024 年实测输沙量与多年平均值比较，莺落峡站和正义峡站分别偏小 89% 和 87%；与上年度比较，莺落峡站和正义峡站分别减小 77% 和 26%。

2. 径流量与输沙量年内变化

2024 年黑河干流主要水文控制站逐月径流量与输沙量变化见图 8-4。2024 年莺落峡站 5—9 月径流量、输沙量分别占全年的 70% 和 98%；正义峡站径流量除了 6 月、7 月和 11 月较低外，其他月份比较均匀，8—10 月输沙量占全年的 77%。

表 8-2 黑河干流主要水文控制站实测水沙特征值对比

河　　流		黑河	黑河
水文控制站		莺落峡	正义峡
控制流域面积（万平方公里）		1.00	3.56
年径流量 （亿立方米）	多年平均	16.67 （1950—2020年）	10.57 （1963—2020年）
	近10年平均	19.53	12.86
	2023年	13.48	8.218
	2024年	18.40	10.65
年输沙量 （万吨）	多年平均	193 （1955—2020年）	138 （1963—2020年）
	近10年平均	90.8	88.4
	2023年	89.0	24.6
	2024年	20.6	18.1
年平均含沙量 （千克/立方米）	多年平均	1.15 （1955—2020年）	1.31 （1963—2020年）
	2023年	0.660	0.299
	2024年	0.112	0.170
输沙模数 [吨/(年·平方公里)]	多年平均	193 （1955—2020年）	38.7 （1963—2020年）
	2023年	89.0	6.91
	2024年	20.6	5.08

(a) 实测年径流量　　(b) 实测年输沙量

图 8-3 黑河干流主要水文控制站实测水沙特征值对比

(a) 黑河莺落峡站　　(b) 黑河正义峡站

图 8-4 2024年黑河干流主要水文控制站逐月径流量与输沙量变化

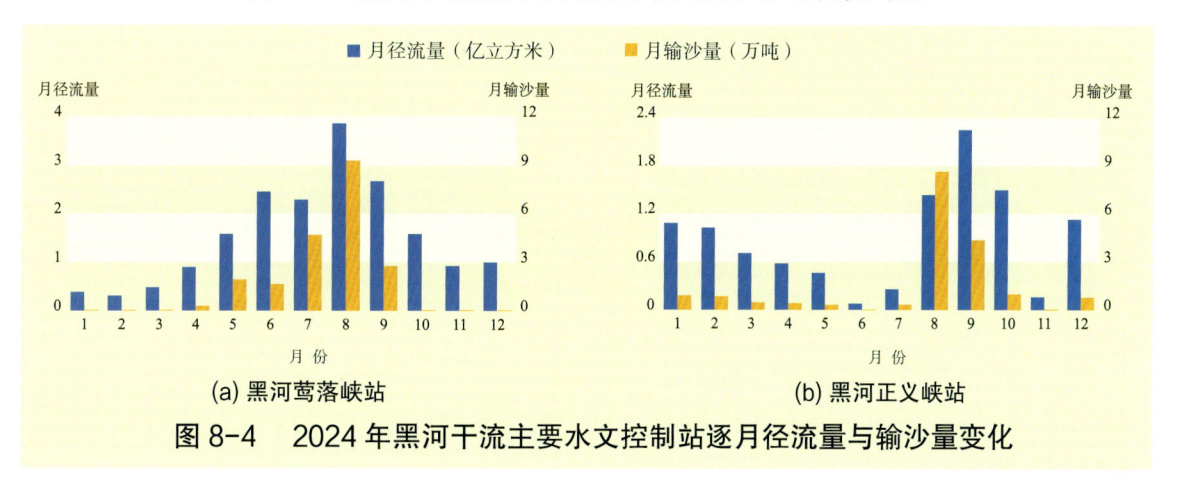

(三)疏勒河

1. 2024年实测水沙特征值

2024年疏勒河流域主要水文控制站实测水沙特征值与多年平均值及2023年值的比较见表8-3和图8-5。

2024年实测径流量与多年平均值比较，昌马堡站和党城湾站分别偏大49%和14%；与上年度比较，昌马堡站和党城湾站分别增大30%和8%。

表8-3 疏勒河流域主要水文控制站实测水沙特征值对比

河流		昌马河	党河
水文控制站		昌马堡	党城湾
控制流域面积（万平方公里）		1.10	1.43
年径流量 (亿立方米)	多年平均	10.29 (1956—2020年)	3.734 (1972—2020年)
	近10年平均	15.03	4.368
	2023年	11.77	3.940
	2024年	15.29	4.273
年输沙量 (万吨)	多年平均	348 (1956—2020年)	73.0 (1972—2020年)
	近10年平均	515	64.6
	2023年	350	32.8
	2024年	509	85.7
年平均含沙量 (千克/立方米)	多年平均	3.38 (1956—2020年)	1.96 (1972—2020年)
	2023年	2.97	0.832
	2024年	3.33	2.01
输沙模数 [吨/(年·平方公里)]	多年平均	316 (1956—2020年)	51.0 (1972—2020年)
	2023年	318	22.9
	2024年	463	59.9

(a) 实测年径流量

(b) 实测年输沙量

图8-5 疏勒河流域主要水文控制站实测水沙特征值对比

2024年实测输沙量与多年平均值比较，昌马堡站和党城湾站分别偏大46%和17%；与上年度比较，昌马堡站和党城湾站分别增大45%和161%。

2. 径流量与输沙量年内变化

2024年疏勒河流域主要水文控制站逐月径流量与输沙量变化见图8-6。2024年疏勒河流域昌马堡站径流量、输沙量主要集中在5—9月，分别占全年的82%和100%；党城湾站径流量分布比较均匀，输沙量主要集中在8月，占全年61%。

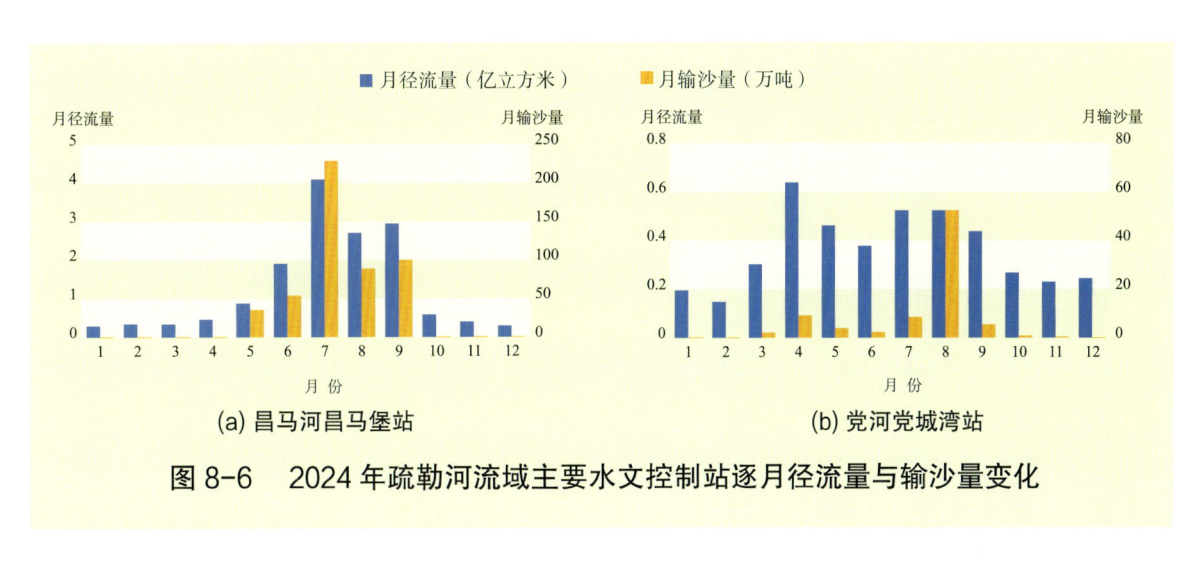

图8-6　2024年疏勒河流域主要水文控制站逐月径流量与输沙量变化

（四）青海湖区

1. 2024年实测水沙特征值

2024年青海湖区主要水文控制站实测水沙特征值与多年平均值及2023年值的比较见表8-4及图8-7。

2024年实测径流量与多年平均值比较，布哈河口站和刚察站分别偏大198%和75%；与上年度比较，布哈河口站和刚察站分别增大161%和74%。

2024年实测输沙量与多年平均值比较，布哈河口站和刚察站分别偏大196%和2.65倍；与上年度比较，布哈河口站增大128%，刚察站基本持平。

2. 径流量与输沙量年内变化

2024年青海湖区主要水文控制站逐月径流量与输沙量变化见图8-8。2024年青海湖区主要水文站径流量、输沙量主要集中在汛期6—9月，布哈河口站分别占全年的80%和94%，刚察站分别占全年的75%和92%。

表 8-4　青海湖区主要水文控制站实测水沙特征值统计

河流		布哈河	依克乌兰河
水文控制站		布哈河口	刚察
控制流域面积（万平方公里）		1.43	0.14
年径流量 （亿立方米）	多年平均	9.344 (1957—2020年)	2.836 (1959—2020年)
	近10年平均	17.54	3.714
	2023年	10.67	2.856
	2024年	27.83	4.965
年输沙量 （万吨）	多年平均	41.5 (1966—2020年)	8.44 (1968—2020年)
	近10年平均	75.0	16.3
	2023年	53.9	31.3
	2024年	123	30.8
年平均含沙量 （千克/立方米）	多年平均	0.439 (1966—2020年)	0.295 (1968—2020年)
	2023年	0.506	1.12
	2024年	0.442	0.620
输沙模数 [吨/(年·平方公里)]	多年平均	28.9 (1966—2020年)	58.5 (1968—2020年)
	2023年	37.7	224
	2024年	86.0	220

(a) 实测年径流量

(b) 实测年输沙量

图 8-7　青海湖区主要水文控制站实测水沙特征值对比

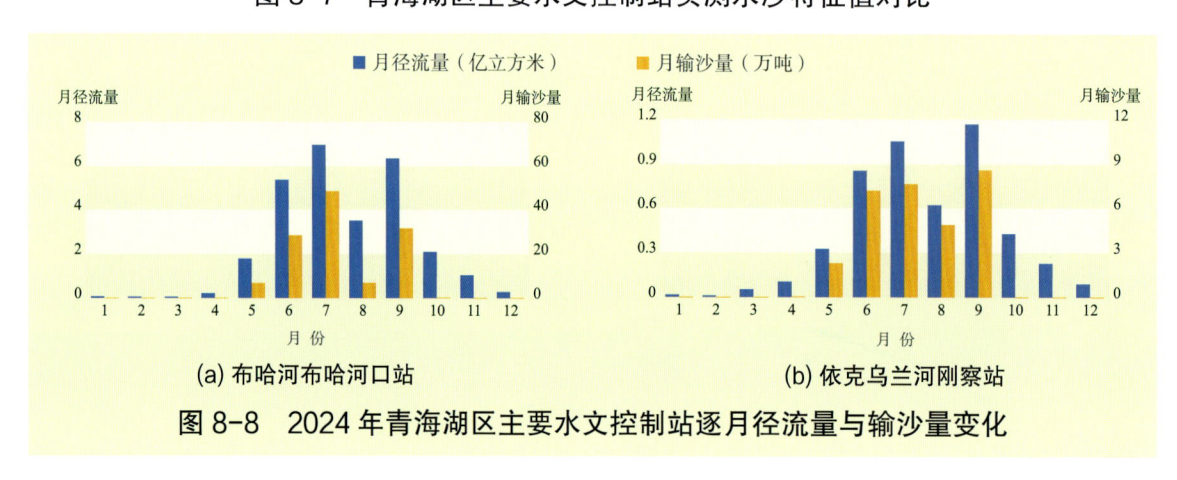

(a) 布哈河布哈河口站

(b) 依克乌兰河刚察站

图 8-8　2024年青海湖区主要水文控制站逐月径流量与输沙量变化

编委会

《中国河流泥沙公报》编委会
主　编：王宝恩
副主编：仲志余　刘志雨　付　静
编　委：束庆鹏　许明家　胡春宏　张建立　官学文　张　成

《中国河流泥沙公报》编写组成员单位
水利部水文司
水利部水文水资源监测预报中心
各流域管理机构
各省（自治区、直辖市）水利（水务）厅（局）
国际泥沙研究培训中心

《中国河流泥沙公报》主要参加单位
各流域管理机构水文局
各省（自治区、直辖市）水文（水资源）（勘测）（管理）局（中心、总站）

《中国河流泥沙公报》编写组
组　长：束庆鹏　许明家
副组长：王金星　杨　丹　刘庆涛　史红玲　梅军亚　李福军
成　员：（以姓氏笔画为序）
　　　　马雪梅　王晨雨　刘　敏　孙　峰　杨学军　陆鹏程
　　　　陈　吟　陈红雨　周　波　赵俊凤　高亚军

《中国河流泥沙公报》主要参加人员（以姓氏笔画为序）
马　丁　马绍雄　王　莹　王玉雪　王光磊　王耀国　刘　轩
刘　炜　刘　通　孙　玥　牟　芸　苏　灵　杜兆国　杜鹏飞
李淑会　杨　嘉　何灼伦　余赛英　张　驰　张　沛　张　亭
张敦银　陆　畅　邵江丽　林　健　林长清　周　波（女）
郑　革　郑亚慧　郑紫荆　郑新乾　屈丽琴　赵　莹　姜悦美
聂文晶　彭　豪　韩　颖　赖奕卡

《中国河流泥沙公报》编辑部设在国际泥沙研究培训中心

中国水文